探险者发现之旅丛书

探寻海底世界

本书编写组◎编

探险者是地球的先行者，历史的揭幕人，他们通过变幻莫测、曲折离奇、险象环生的史诗般的探险历程为人类发展史描绘了一幅幅壮丽的画卷引人入胜的探险故事充满魅力的探险旅程成就了一部人类悲壮的地理探险史。

世界图书出版公司
广州 · 北京 · 上海 · 西安

图书在版编目（CIP）数据

探寻海底世界 / 《探寻海底世界》编写组编. —广州：广东世界图书出版公司，2010. 3（2024.2 重印）

ISBN 978 - 7 - 5100 - 1487 - 1

Ⅰ. ①探… Ⅱ. ①探… Ⅲ. ①海洋 - 探险 - 普及读物 Ⅳ. ①P7 - 49

中国版本图书馆 CIP 数据核字（2010）第 037594 号

书　　名	探寻海底世界 TANXUN HAIDI SHIJIE
编　　者	《探寻海底世界》编写组
责任编辑	康琬娟
装帧设计	三棵树设计工作组
出版发行	世界图书出版有限公司　世界图书出版广东有限公司
地　　址	广州市海珠区新港西路大江冲 25 号
邮　　编	510300
电　　话	020-84452179
网　　址	http://www.gdst.com.cn
邮　　箱	wpc_gdst@163.com
经　　销	新华书店
印　　刷	唐山富达印务有限公司
开　　本	787mm × 1092mm　1/16
印　　张	10
字　　数	120 千字
版　　次	2010 年 3 月第 1 版　2024 年 2 月第 10 次印刷
国际书号	ISBN　978-7-5100-1487-1
定　　价	48.00 元

前 言

PREFACE

海底是个与众不同的世界，是人类梦想多年希望了解的世界，为了了解海底，人类探索努力了多年。

到了20世纪50年代，地理学家才用先进的技术测绘出海底世界。测绘结果显示：海底与陆地有着诸多的相似之处，都有着雄伟的高山、深邃的峡谷、辽阔的草原和喷薄的火山，也有着很多的不同之处。世界上最长的山脉不在陆地，而在海底。最高的山峰也不在陆地，而同样在海底。把陆地上的最高山峰——珠穆朗玛峰放进位于太平洋的马里亚纳海沟，保准不会留出水面分毫。

人类对海底的探密充满了曲折，从蛙人入海寻找海绵和珍珠开始，到现在利用深潜器漫游海底，人类的每一次进步和每一点成绩的取得，都凝结着智慧和汗水。相对最初只能望洋兴叹，人类今天可以为取得的成就感到欣慰，潜水服、潜艇、深海潜水器、水下机器人、海洋资源卫星等现代化工具的出现和利用使人类对海底的勘察突飞猛进，很多成绩的获得都与应用这些现代化工具有着直接的关系。潜水服大大延长了人类潜水的时间；潜艇使人类畅游海中的梦想变为了现实；深海潜水器第一次使人类到达了深海海底，开始了真正意义上的海底考察；水下机器人大大拓宽了人类水下作业的空间；海洋资源卫星第一次给人类清晰地展现了海底构造的全貌。

人类对海洋的考察和勘探才刚刚起步，对海洋，特别是对大洋海底可以说是知之甚少，如今，人们正加紧对海洋，包括对大洋海底的考察和勘探的脚步，努力在不远的将来，把海底的诸多秘密一一破解，希望这一天早日到来。

海底景象奇观

海底探险的蛙人时代

海底矿产资源的探查与开采

现代海底探查的进展和海洋开发设想

海底景象奇观

HAIDI JINGXIANG QIGUAN

陆地的面貌是多种多样、变化多端的，有高山、高原、丘陵、火山、盆地等，但如果将海洋的水除去，那么展现在我们面前的海底地貌也是多种多样、变化多端的，比之陆地形貌有过之无不及。陆地上有高原，海底同样有，陆地上有裂谷，海底同样有，陆地上有火山爆发，海底同样也有……海底同陆地一样，也是个繁茂热闹的世界。

原始海洋

现在的研究证明，大约在50亿年前，从太阳星云中分离出一些大大小小的星云团块。它们一边绕太阳旋转，一边自转。在运动过程中，互相碰撞，有些团块彼此结合，由小变大，逐渐成为原始的地球。星云团块碰撞过程中，在引力作用下急剧收缩，加之内部放射性元素蜕变，使原始地球不断受到加热增温；当内部温度达到足够高时，地内的物质包括铁、镍等开始熔解。在重力作用下，重的下沉并趋向地心集中，形成地核；轻者上浮，形成地壳和地幔。在高温下，内部的水分汽化与气体一起冲出来，飞升入空中。但是由于地心的引力，它们不会跑掉，只在地球周围，成为气水合一的圈层。

岩浆中夹带的水汽遇冷凝结，地球表面开始有了水。

位于地表的一层地壳，在冷却凝结过程中，不断地受到地球内部剧烈运动的冲击和挤压，因而变得褶皱不平，有时还会被挤破，形成地震与火山爆发，喷出岩浆与热气。开始这种情况发生频繁，后来渐渐变少，慢慢稳定下来。这种轻重物质分化，产生大动荡、大改组的过程，大概是在45亿年前完成了。

地壳经过冷却定型之后，地球就像个久放而风干了的苹果，表面皱纹密布，凹凸不平。高山、平原、河床、海盆，各种地形一应俱全了。

在很长的一个时期内，天空中水汽与大气共存于一体；浓云密布，天昏地暗，随着地壳逐渐冷却，大气的温度也慢慢地降低，水汽以尘埃与火山灰为凝结核，变成水滴，越积越多。由于冷却不均，空气对流剧烈，形成雷电狂风，暴雨浊流，雨越下越大，一直下了很久很久。滔滔的洪水，通过千川万壑，汇集成巨大的水体，这就是原始的海洋。

原始的海洋，海水不是咸的，而是带酸性、又是缺氧的。水分不断蒸发，反复地形云致雨，重又落回地面，把陆地和海底岩石中的盐分溶解，不断地汇集于海水中。经过亿万年的积累融合，才变成了咸水。同时，由于大气中当时没有氧气，也没有臭氧层，紫外线可以直达地面，靠海水的保护，生物首先在海洋里诞生。大约在38亿年前，即在海洋里产生了有机物，先有低等的单细胞生物。在6亿年前的古生代，有了海藻类，在阳光下进行光合作用，产生了氧气，慢慢积累的结果，形成了臭氧层。此时，生物才开始登上陆地。

总之，经过水量和盐分的逐渐增加，及地质历史上的沧桑巨变，原始海洋逐渐演变成今天的海洋。

海洋的划分

全球海洋面积约占地球表面积的71%。海洋中含有十三亿五千多万立方千米的水，约占地球上总水量的97%。全球海洋一般被分为数个大洋和面积较小的海。四个主要的大洋为太平洋、大西洋和印度洋、北冰洋，大部分以陆地和海底地形线为界。海洋的中间部分称为洋，约占海洋总面积的89%，海洋的边缘部分称为海，深度较浅，一般在二、三千米之内，约占海洋总面积的11%。

海底地形的划分

潮间带

近岸的“海底”，退潮时露出水面，涨潮时被海水淹没，我们就把这个地方叫做潮间带，它是大陆和海洋的分界线。再深一些的地方，就是我们常说的大陆架。

大陆架

大陆架，为环绕大陆周围的浅水地带，深度为0～200米。大陆架的面积占海底面积的8%。它是陆地向海洋自然延伸并被海水覆盖的部分。由于被海水掩盖着，因此人们形象地称之为大陆棚。大陆架围绕着大陆，各处宽度不等，有的只有几千米，有的可达100万米以上。大陆架的海底地形比较平缓，倾斜度不大，平均每千米下降1.5米，一般靠近海岸的地方变化大些。从两极到赤道的各个大陆的沿海地带，都分布着平而浅的大陆架。大陆架上常分布着高差在20米以内的高地、小洼地和槽谷等，此外，也有少数较深的沟谷和很高的山脉。大陆架由于受强烈的海动力作用，地形较为复杂。我国沿海的陆架面积约300万平方千米。大陆架区阳光充足，有机物含量高，是鱼类和其他生物繁殖的良好场所。

现代大陆架是二三百万年来地壳变动而造成的侵蚀、堆积的结果，但和2000多万年来整个地壳活动所造成的地形也有关系。追根溯源，原来在地质年代以前，首先在大陆坡位置形成了一条水下的堤堰，这条堤堰的形成，

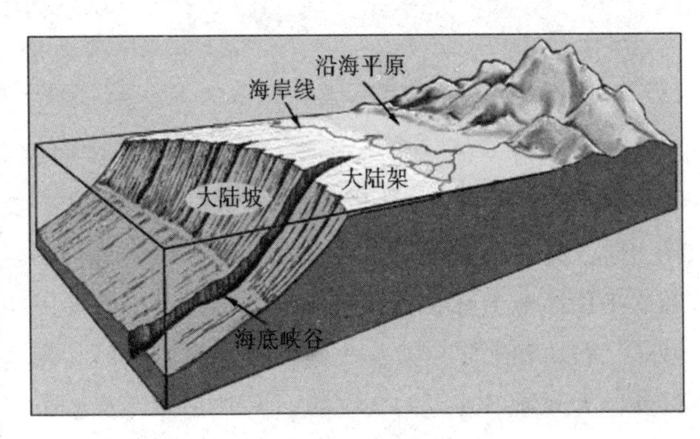

大陆架示意图

或是因为基岩的隆起、火山的喷发，或是因为出现了断层、地层的褶皱、生物礁、盐丘等。由于这条堤堰的阻挡，从陆地带来的大量冲积物就在堤堰与海岸之间堆积、沉积，经过漫长的地质年代，就成为沉积岩层，沉积岩的上面，又覆盖了厚厚的松散沉积物。所以，当初堤堰靠陆的一侧就逐渐形成了大陆架。

大陆坡

大陆坡，是大陆架向大洋底过渡的斜坡。其表面倾斜度较大，一般为 3 ~ 4 度，个别地方可达 10 度以上。深度一般在 200 ~ 2500 米之间，面积占海底总面积的 12%。大陆坡的地形起伏变化大，有高地，也有海底峡谷。峡谷坡陡，谷壁几乎陡立，沟谷上部宽，下部窄。那种切割深、坡度大且较长的沟谷被称为海底峡谷。一般在大河河口的海岸，都有海底峡谷。如刚果河河口附近的海域，水深 100 米，离河口不到 200 千米的地方，水深即达 2200 米。

大陆坡

按照地形特点，大陆坡有两种。一种是地形比较简单、坡度比较均一，像北大西洋沿北美、欧洲及巴伦支海等地的大陆坡。这类大陆坡上半部是个陡壁，岩石裸露缺乏沉积物，向下大约 2000 米深处，大陆坡的坡度突然变得非常平缓，深度逐渐增加，成为一个上凹形的山麓地带。顺着大陆坡的斜面上，有一系列互相平行的“海底峡谷”，把大陆坡切开。另一种大陆坡，地形复杂、坡面上有许多凹凸不平的地形，主要分布在太平洋。我国的南海的大陆坡就属这一类，坡面上常常呈一系列的台阶，是一些棱角状的顶平壁陡的高地，与一些封闭的平底凹地交替着分布。平顶高地上有着一些粗大的砾石岩屑，而平底凹地里堆积着一些杂乱的沙子、石块和软泥。这类大陆坡上的海底峡谷谷底也呈阶梯状。除了这两类以外，大河河口外围的大陆坡，常常是坡度比较平坦的，整个斜坡盖满从大河带来的泥沙。

大陆坡上的沉积物，主要来自大陆。河流带入海中的泥沙，经过大陆架搬运到大陆坡。另外也有相当一部分是海洋生物残体的软泥。概括地说，整个大陆坡的面积，约有25%覆盖着沙子，10%是裸露的岩石，其余65%覆盖着一种青灰色的有机质软泥。这种软泥常常因受到氧化作用而成栗色，它的堆积速度要比大陆架缓慢得多。在火山活动地带，软泥中含有火山灰，高纬度地区混有大陆水流带来的石块、粗沙等。在热带河口附近，有一种热带红色风化土构成的红色软泥。

大陆坡上最特殊的地形是深切的大峡谷，称为海底峡谷。它一般是直线形的，谷底坡度比山地河流的谷底坡度要大得多，峡谷两壁是阶梯状的陡壁，横断面呈“V”形。海底峡谷规模的宏大往往超过陆地上河流的大峡谷。我国的长江三峡是世界闻名的大峡谷，峡谷两岸的高差将近800米，底部有将近100米高陡壁，构成谷底的箱形峡谷，这陡壁是最新地质时期三峡地区地壳抬升引起长江河道冲刷下切形成的，所以当人们在三峡航行时，首先给人深刻印象的是河道两边直立的陡壁，将长江水流限制在一二百米宽的岩壁之间，这是地壳新构造运动造成的。美国科罗拉多大峡谷也是世界著名的大峡谷，科罗拉多河切穿了中生代的砂岩地层，两岸岩壁高将近1000米，峡谷两壁呈台阶状，一层层变窄到谷底，也有一层由最新构造运动造成的谷底陡壁，目前科罗拉多河就流经在这陡壁峡谷之间。像长江三峡、科罗拉多大峡谷这类宏伟的峡谷，在大陆上还是不多的。而海底峡谷比陆地上的大峡谷要大得多，现已发现几百条海底峡谷，分布在全球各处的大陆坡上。

长江三峡

大多数海底峡谷在大陆坡上只存在一段，向上到大陆架，向下到大洋底就消失，与陆地上河流无关。但也有些海底峡谷可以同陆地上河流联系起来。像北美东海岸的哈德逊海底峡谷，它的源头是哈德逊河，河流注入海洋。在大陆架海底有个浅平的水下河谷，深度在海底以下30 米，但宽度有 7 千米，到大陆架边缘，这水下河谷的深度（低于海底）是40 米，而谷地宽度达到 25 千米，显然水下河谷在大陆架是一条笔直的浅平的低洼地。与这水下河谷相接是大陆坡上的海底峡谷，它从顶部水深 150 米开始沿大陆坡向下一直到 2400 米深的洋底。而它在海底下切的深度，几乎整条海底峡谷都超过 1000 米，它的尾端进入 2000 多米深的洋底后，就逐渐消失。

大洋底

从大陆坡再向深处就是大洋底。它是大洋的深水区，其深度在 2500 ~ 6000 米之间，面积占海底总面积的 77%。如果把大洋比做一个盆，那么大洋底就是盆底。大洋底的地形是复杂和高低不平的，有许多大小不等的海底山脉，例如，大西洋中部的中央海岭、太平洋中部的夏威夷海岭等规模都非常庞大。大洋底还有许多海盆、海沟、高原及平顶山等。

在大洋底与大陆坡的交界处，有许多地方其深度超过 6000 米，为狭长、陡峭的海沟。海洋中最深的地方不是在大洋中心，而是在大洋的边缘。太平洋里的海沟最多，呈环形分布在太平洋周边，其中有世界最深的位于太平洋西部的马里亚纳海沟，深度达 11034 米。

我国的海底地形和大陆一样，都是西面高，东面低，成为由西北向东南倾斜的形势。从鸭绿江口到台湾省一带，海底倾斜度不大，而形成平坦的缓坡。从台湾省再向东，海底地形变得深陷陡峭，深达几千米。

海底地貌的形成，主要是内力和外力相互作用的结果，其中内力作用是海底发展变化的根本原因。例如地壳的升降运动、褶皱运动、断裂活动、岩浆和火山活动以及地震等内力的作用，形成了海洋底部的各种大的地貌形态，而河流、海流、波浪及生物等外力作用也在不断地改造和修饰海底的面貌，并给海底铺上一层厚厚的沉积物。在漫长的地质过程中，这种内力和外力的相互作用，形成海底今天的面貌。而现今的海底的面貌还在不断地发生变化，只不过这种变化非常缓慢而已。在有些情况下，这种变化也是很快的，例如海底火山的喷发。海洋沉积的速度与沿岸河流物质搬运和海洋生物有密切关系。一般说来，近岸因受河流搬运等因素的影响，沉积速度就快些。比如大西洋因沿岸河流较多，每年从陆地上搬运到海洋的物质就比较多，因此它的

沉积速度要比太平洋快1倍左右。我国近海沉积层不仅极为辽阔，而且其厚度也相当可观，如黄海和台湾省东北的东海沉积层厚达1500~2000米。

海底沉积物

在海洋形成的漫长地质年代里，由陆地河流和大气输入海洋的物质以及人类活动中落入海底的东西，包括软泥沙、灰尘、动植物的遗骸、宇宙尘埃等，年积月累、日久天长，已经多得无法计算了。海洋学上把这些东西统称为海底沉积物。

奇特的海底峡谷

前面我们已经说过，大陆坡上最特殊的地形要算是海底大峡谷了。它们大多是直线型的，谷底坡度比山地河流的谷底坡度大得多。峡谷两坡是陡壁。海底峡谷规模宏大，往往超过陆地上河流的大峡谷。

河流切割形成了许多海底峡谷，在最后的冰期，当海平面大幅度下降时，河流侵蚀暴露的海底。在冰期的高峰，约1000万立方英里（1英里≈1.6093千米）的地表海水呈大陆冰川形式存在，冰川覆盖了大约1/3的陆地表面，当时冰川体积比目前冰川体积的3倍还要大。冰川作用使海平面下降了约400英尺（1英尺≈30.48厘米），造成了海岸线向海洋方向前进了数百英里。美国沿海东部海岸线延伸到大陆架边缘的一半位置，向东延伸了600多英里。海平面下降使大陆桥暴露并与大陆相连。

许多峡谷切穿了位于阿拉斯加和西伯利亚之间白令海之下的大陆架。约7500万年前，大陆运动产生了广阔的白令海大陆架，使之高出海底8500英尺。在冰期，当海平面下降数百英尺，大陆河谷深切大陆架时，大陆架曾多次暴露为陆地。在最后一次冰期末，当海水重新淹没大陆架时，大量崩塌的泥石流沿大陆架边缘陡坡向下滑动，冲走了1400立方英里的沉积物和岩石。

美国东部大陆架上的陡峭海蚀崖延伸了约200英里，它代表了前一次冰

白令海峡海底峡谷

期的海岸线位置，目前它完全被海水淹没。广布于北半球大部分地区的大规模大陆冰川使海平面下降了数百英尺。当冰川融化后，海平面上升到现在的位置。在海平面之下深切海底岩石200英尺深的海底峡谷可追溯到陆地上的河流。

沿北美洲东部几个海底峡谷切穿了大陆边缘和海底。在大陆架和大陆坡上的海底峡谷具有许多与陆地河谷相同的特征，甚至一些峡谷可以与陆地上最大的河谷相比。海底峡谷以两壁高、陡和底部具不规则向外海倾斜为特征，峡谷长约30英里，平均深约3000英尺。当海平面下降到比目前海平面还要低时，在某一时间内，由一般河流侵蚀作用在海底切割出几个海底峡谷。大巴哈马峡谷是世界上最大的海底峡谷之一，深约14000英尺，超过大峡谷深度的2倍。

当海平面下降到比目前海平面还要低时，流经暴露陆地的河流切割成几个海底峡谷。许多海底峡谷发源于大河口附近，一些海底峡谷的深度超过了2英里，与陆上河流相比深多了。海底滑坡作用形成了海底峡谷，海底滑坡在海底挖出深沟。

由于大西洋关闭造成直布罗陀海峡抬升，地中海看起来几乎完全干涸了，其海底成为沙漠盆地，比周围的大陆高原低1英里余。河流流入干旱的盆地切割出深峡谷。一条沉积物充填的深峡谷沿着法国南部罗纳河流域延伸了100英里余，地表之下深度达3000英尺，此处河流流入地中海。尼罗河三角洲之下的沉积物埋藏了1英里深的峡谷，该峡谷向南可延伸到750英里远处的埃及阿斯旺，其规模可与陆地上最大的峡谷相比。

海底滑坡沿陡峭的大陆坡快速向下滑动侵蚀海底形成了深邃的海底峡谷。大陆坡的表面主要被海底滑坡侵蚀的大陆架细粒沉积物所覆盖。海底滑坡由含水沉积物组成，其密度大于周围的海水。浑浊的海水沿海底快速流动，侵蚀海底松软的物质，这些称为浊流的泥水沿陡峭的大陆坡向下运移，向深海搬运了大量泥沙。

海底峡谷美景

大陆坡是浅海大陆架与深海的边界，其坡角达60~70度，向下延伸数千英尺。在重力作用下，到达大陆架边缘的沉积物沿大陆坡向下滑动。重力滑动作用下，大量的沉积物切割陡峭的海底峡谷，形成了大量的沉积物。它们往往与陆地滑坡一样是灾难性的，能够在数小时内使大量的沉积物沿大陆坡向下滑动。

在美国周围的某些大陆坡有十分陡峭的斜坡，包括远离中大西洋的地区，如佛罗里达州西部、路易斯安那州、加利福尼亚州和俄勒冈州。离佛罗里达州西部的最陡的斜坡有几乎垂直的陡崖。海底有如此陡峭的斜坡是因为地下水的作用侵蚀了斜坡底部的岩石造成底部的崩塌。相反，窄峡谷切割了新泽西州斜坡的一侧，使它形成了侵蚀的山脉。路易斯安那州海底由于埋藏盐沉积的喷发造成了大量的坑，使海底呈现月球表面的地貌。

知识点

大陆桥

大陆桥是指连接两个海洋之间的陆上通道，是横贯大陆的、以铁路为骨干的、避开海上绕道运输的便捷运输大通道，主要功能是便于开展海陆联运，缩短运输里程。全球四大大陆桥分别是：北美大陆桥（东接大西洋，西连太平洋）、南美大陆桥（连接大西洋和太平洋）、亚欧大陆桥（地跨亚、欧两大洲）、南亚大陆桥（连接阿拉伯海与孟加拉湾之间的海）。

各种各样的海底熔岩

在浅海的海底，我们可以看到许多美丽的珊瑚和各种各样的鱼类、海藻，但是，当潜入到一定深度后，海底是漆黑一片、什么也看不见的，只有借助灯光，才能看到周围的一小片。

如果想要下潜到数千米的大洋底，是要有特殊装置的，没有特殊装置是难以完成的。大洋深处压力是非常巨大的，大到超乎我们的想象。海水每加深10米，压力就会增加一个大气压。在1000米深海处将有100个大气压，若将一块木头放在此处，它会被压缩得使体积减小一半，这样，它便会下沉到海底而浮不起来；若一只铁箱子沉到这样深的海底，也会被压碎。

大家看到的潜水员，头戴面罩，脚上有脚蹼，身后还背着氧气瓶，他们潜到100米的深处，就很不容易了。要是再有潜水服，也不过只能潜到300米海水深处。要想潜到海底，只有借助深海潜水器。只有借助深潜器，人们才能漫游深海。乘坐在潜水器里，透过窗口（当然这窗户玻璃得抗压性极强），借助灯光，可以看到海底的种种奇观。潜水器是带有动力系统，可以在海底行进，并可用机械手采集标本的潜水工具。在20世纪70年代，科学家就乘坐潜水器对大洋底进行了详细的考察和研究，尤其是对大西洋的中央裂谷的考察更为详细。考察区的中央裂谷水深2800米左右，裂谷的底宽不到3000米。在裂谷底有许多很深的裂隙。在裂谷轴部的裂隙，宽度较小（约几厘米），向两侧裂隙宽度增大，可达几十米。在裂谷底还发现有断裂，其断裂距离可达几百米。这些裂隙和断裂都平行于裂谷延伸，仿佛要把洋底拉开。这里沉积物较少，顺着裂谷轴线，分布着一些呈盾形和锥形的火山小丘。在这些地方，科学家们看到了各种各样的熔岩，就是火山物质喷出后冷却形成的岩石，有的像薄水泥板，有的像圆管，还有的像海绵。海底熔岩经常形成直径0.5～1米的被称为“枕状熔岩”的球状物。经分析，这些岩石样品的年龄还不到1万年。

日本海洋研究开发机构和静冈大学组成的联合科考队，曾乘“深海6500”号潜水调查船，用声波探测对东太平洋秘鲁海域南北长40千米，东西宽15千米处进行考察。在中央海脊以西深约3400米的海底发现了世界最大的海底熔岩流遗迹。熔岩流的面积约340平方千米，厚度在100米以上，靠近海脊内侧的厚度高达300米，推定喷出的熔岩量为19立方千米，是现在地球1年岩浆喷出量的4~5倍。

而目前为止，人类发现的有史以来最大的熔岩喷发是冰岛的拉纪熔岩，体积为12立方千米。日本这次发现的熔岩不但改写了海底熔岩流的纪录，而且发现了古典板块构造理论没有记述的地球上最活跃的生成板块的东太平洋海底隆起火山活动。如此大规模的熔岩流是改变地球表层环境的重要因素，受到了科学家极大的重视。从熔岩流的规模和形态分析，可能是10年左右的短期间内在海洋中喷发巨大的热量和火山气体所致。

海底火山与海底平顶山

海底火山的分布相当广泛，大洋底散布的许多圆锥山都是它们的杰作，火山喷发后留下的山体都是圆锥形状。据统计，全世界共有海底火山约2万多座，太平洋就拥有一半以上。这些火山中有的已经衰老死亡，有的正处在年轻活跃时期，有的则在休眠，不定什么时候苏醒又“东山再起”。现有的活火山，除少量零散在大洋盆外，绝大部分在岛弧、中央海岭的断裂带上，呈带状分布，统称海底火山带。太平洋周围的地震火山，释放的能量约占全球的80%。海底火山，死的也好，活的也好，统称为海山。海山的个头有大有小，1~2千米高的小海山最多，超过5千米高的海山就少得多了，露出海面的海山（海岛）更是屈指可数了。美国的夏威夷岛就是海底火山的功劳。它拥有面积1万多平方千米，上有居民10万余众，气候湿润，森林茂密，土地肥沃，盛产甘蔗与咖啡，山清水秀，有良港与机场，是旅游的胜地。夏威夷岛上至今还留有5个盾状火山，其中冒纳罗亚火山海拔4170米，它的大喷火口直径达5000米，常有红色熔岩流出。1950年曾经大规模地喷发过，是世界上著名的活火山。

海底山有圆顶的，也有平顶的。平顶山的山头好像是被什么力量削去的。以前，人们也不知道海底还有这种平顶的山。第二次世界大战期间，为了适应海战的要求，需要摸清海底的情况，便于军舰潜艇活动。美国科学家普林顿大学教授H. H. 赫斯当时在“约翰逊”号任船长，接受了美国军方的命令，

位于北太平洋中央的夏威夷岛

负责调查太平洋洋底的情况。他带领了全舰官兵，利用回声测深仪，对太平洋海底进行了普遍的调查，发现了数量众多的海底山，它们或是孤立的山峰，或是山峰群，大多数成队列式排列着。这是由于裂谷缝隙中喷溢而出的火山熔岩形成的。这是人类首次发现海底平顶山。这种奇特的平顶山有高有矮，大都在200米以下，有的甚至在2000米水深。凡水深小于200米的平顶山，赫斯称它为“海滩”。1946年，赫斯正式命名位于200米深的平顶山为“盖约特”。

赫斯发现海底平顶山之后，当时非常纳闷，他苦苦思索着：山顶为什么会那么平坦？滚圆的山头到哪儿去了？后来，经过科学家们潜心地研究，终于解开了这个谜。原来海底火山喷发之后形成的山体，山头当时的确是完整的，如果海山的山头高出海面很多，任凭海浪怎样拍打冲刷，都无法动摇它，因为海山站稳了脚跟，变成了真正的海岛，夏威夷岛就是一例。倘若海底火山一开始就比较小，处于海面以下很多，海浪的力量达不到，山头也安然无恙。只有那些不高不矮，山头略高于海面的，海浪乘它立足不稳，拼命地进行拍打冲刷，经历年深日久的功夫，就把山头削平了，成了略低于海面、顶部平坦的平顶山。

当海底火山处在浅海时，其情况就大不一样了，因海水压力的降低，海底火山这时就能发挥它的巨大威力了。1957年9月27日，在亚迷尔群岛生活的居民，看到了附近海面上掀起的狂涛，巨大的蒸汽柱直升云天。伴随着水汽的产生，岛屿也像发生地震一样地抖动起来。无数的火山物质从海底火山口喷出。海底火山不停地喷发，喷发物质填满海底，逐渐地升出海面，仅一天的时间，就形成了一座小山；一个多星期后，就形成了一个100多米高，3.7万多平方米的岛。地质时代是极缓慢的，人们总是以几千年、几万年来判定地层的生成，然而，海底火山却可以在极短的时间内形成一个大的地质体，这不能不让人感到大自然力量的巨大。

海水总在不停地运动，当海浪作用在岩石上时，坚硬的岩石能经受住其破坏作用，但疏松的物质、软弱的地方，就会被海浪破坏而消失。新形成的火山岛由于堆积迅速，较为疏松，极易被海浪破坏掉而逐渐消失。海上消失掉的这种岛屿是很多的。海上的火山岛是一个形成快消失也快的新地质体。它能为研究海底的火山提供新的例证。

有着奇特景象的海底裂谷

在大洋底部，经常可以见到海底山脉的脊顶劈裂着一道大裂口，这就是海底裂谷。海底裂谷顺着海底山脉延伸。这里非常热闹，生活着各种海底生物——鱼、虾、蛤、蟹、海绵等。

全球洋底地貌图

大裂谷里可以见到奇形怪状的石头，有的像蘑菇盖，有的像老虎、狮子，有的像瀑布，有的像断裂的石柱等。它们的形成过程和在陆地的山上见到的石头可不一样，陆地山上的石头是风化作用的产物，而这里所见到的怪石，却是从海底喷出的岩浆凝结而成的。仔细观察裂谷底，还可以看到许多裂隙，黑洞洞的看不见底。科学家在太平洋加拉帕戈斯群岛附近海底考察时，曾遇到热泉。热泉是从3000米深处海底裂谷中涌出来的高达298℃的热水。

在加利福尼亚州附近的深海底，人们可以看到有几十股热泉从海底裂口处向外涌出。科学家们曾试图测试量水的温度，结果水下温度计的塑料外壳被熔化了，他们只好以感觉来代替仪器，据估计其水温应在300℃以上。泉水的温度虽然这么高，但在海水巨大的压力下，是不能沸腾的。因为海水深度每增加10米，就增加一个大气压。液体的沸腾与压力有着密切关系，海底裂谷在深海中承受的压力是几百个以上的大气压，所以热泉难以沸腾。相反，

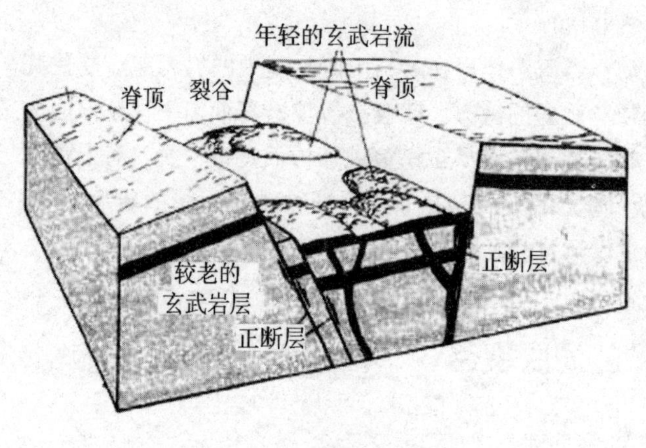

中央裂谷

我们在高山上烧水，当水温在 80～90℃时，就可以沸腾，其道理就是因为压力减小的原因。

洋底的大裂谷，就像一个火山通道一样直通地壳下部的熔岩，熔岩随时能向外涌动，景观十分壮丽和奇妙。慢慢向外移动的熔岩流，是来自地球内部的岩浆，顺着海底的裂谷上升到海洋的底面上形成的。海底火山的喷发，在海洋的巨大压力下，就像挤牙膏，或者是像压面机压面那样从海底的裂谷口处被缓慢地挤压出来。

藻类构成的海底“森林”

海底有森林吗？回答是肯定的，不但有，而且十分壮观。

海洋是一个藻类世界，藻类大部分都是一些十分微小的低等植物。它们的形态主要是单细胞、丝状、膜状和叶状。但在海洋中，有些藻类却长成了使人为之惊叹的大“树”，形成了名副其实的海底“森林”。

在南太平洋沿岸，低潮线以上较深的海底，生长着一种海藻，它的外部形态酷似一棵“树”，躯干直立，虽然高度只有 3～5 米，但粗细却与人的大腿相仿，真是又“矮”又“胖”。“树干”上部具有不规则的二叉分枝。在繁多的分枝上，向下垂着约 1 米长的“叶片”。基部有根状固着器，像树根一样将“树干”牢牢固着在岩石或其他基质上。这种海藻很像石炭纪的化石植物。它单生或丛生，能够形成相当规模的海底“森林”。在高潮或半潮期间，整个“森林”都沉浸在水中，退潮以后，上部“枝叶”才能露出水面。

这种海藻“木质”十分坚硬，当地人常取其一部分制成刀柄或其他用具，不但美观大方，而且坚实耐用。此外，它也可以做为燃料。

在北美洲从美国加利福尼亚到加拿大的温哥华岛沿岸，生长着一种形态十分特异的海藻，因为它像热带的棕榈村，所以人们常称它为“棕榈”，这种海藻不怕风浪，有点像高山青松那样坚韧不拔、傲然挺立在中潮带或低潮带的岩石上。它的“茎”中空而富有弹性，看上去恰似一条表面光滑的橡皮管子。“茎”的上端具有短的叉状分枝。在分枝上，向下垂着100～150片狭长的叶子。在“茎”的基部，有一个较大的半球形假根固着器，把整个植物牢牢的固着在岩石上，使它能够经受较大风浪的冲击。

海底森林

北美洲太平洋沿岸阿拉斯加和洛杉矶之间的沿海一带，在水深5～25米之间的海底，生长着另外一种外部形态非常奇特的海藻，称为留氏海胞藻。虽然它是一年生植物，但高度却能达到90余米，一般也有40～50米左右，可见其生长速度是相当快的。这种植物虽然很高，但“茎”的直径却很小，只不过1～2厘米，末端有一个引人注目的气囊。气囊内盛满了混合气体，主要是一氧化碳，其容量可达数升。在气囊的顶部，有一排叉状分枝的短柄。短柄上生长着32～64个“叶片”，这些“叶片”长可达3～4米之多。“茎”的基部有一较小的固着器，固着器有稠密的叉状分枝，将藻体固着在海底的岩石上，整个藻体好似一只系着无数缎带的气球，随波荡漾在海洋里，看上去十分耐人寻味。因此，它赢得了许多美称佳名，如雄牛藻、气囊藻和缎带藻等。

在这一地区，还生长着一种与留氏海胞藻十分近似的海藻，当地人常称它为海“南瓜”，或者海“柑桔”。

这两种海藻的“茎”和气囊可以制成甜蜜可口的食品。此外，在海藻工业中，它们又是重要的工业原料。

大洋的脊梁——大洋中脊

人有脊梁，船有龙骨。这是人和船成为一定形状的重要支柱。因而人能立于天地之间，船能行于大洋之上。海洋也有脊梁，大洋的脊梁就是大洋中脊，它决定着海洋的成长。

1873年，“挑战者”号船上的科学家在大西洋上进行海洋调查，用普通的测深锤测量水深时，发现了一个奇怪的现象，大西洋中部的水深只有1000米左右，反而比大洋两侧浅的多。这出乎他们的预料。按照一般推理，越往大洋的中心部位，应该越深。为打消这个疑虑，他们又测了几个点，结果还是如此，他们把这个事实记录在案。1925~1927年间，德国“流星”号调查船利用回声测深仪，对大西洋水深又进行了详细的测量，并且绘出了海图，证实了大西洋中部有一条纵贯南北的山脉。这一发现，引起了当时人们的震惊，吸引了更多的科学家来此调查。不断的补充、丰富了对它的认识，大西洋中部的这条巨大山脉，像它的脊梁，因而取名叫“大西洋中脊”。

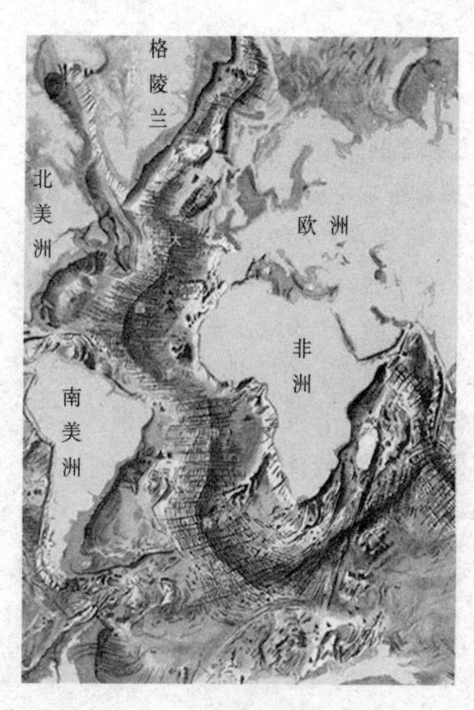

大西洋中脊

大西洋中脊的峰是锯齿形的，分布在大西洋中间，大致与东西两岸平行，呈“S”形纵贯南北。自北极圈附近的冰岛开始，曲折蜿蜒直到南纬40度，长达1.7万千米，宽约1500~2000千米不等，约占大西洋的1/3。其高度差别很大，许多地方高出海底5000多米，它平均高度约3000多米。高出海面部分，成了岛屿。如冰岛就是大洋中脊高出水面的一部分。这样巨大规模的山脉，是陆地上任何山脉无法比拟的。更为奇特的是，在大洋中脊的峰顶，沿轴向还有一条狭窄的地堑，叫中央裂谷，宽约30～40千米，深约1～3千米。它把大洋中脊的峰顶分为两列平行的脊峰。

许多观测表明，在中央裂谷一带，经常发生地震，而且还经常地释放热量。这里是地壳最薄弱的地方，地幔的高温熔岩从这里流出，遇到冷的海水凝固成岩。经过科学家研究鉴定，这里就是产生新洋壳的地方。较老的大洋底，不断地从这里被新生的洋底推向两侧，更老的洋底被较老的推向更远的地方。

随后，人们在印度洋和太平洋也相继发现了大洋洋脊。印度洋中脊呈"人"形分布。西南的一支绕过非洲南端，与大西洋中脊连接起来；东南走向的一支绕过大洋洲以后，与东太平洋海隆的南端相衔接。这两支洋脊在印度洋中部靠拢，在印度洋北部合二为一，并向西北倾斜，构成了一个大大的"人"形，成为印度洋"骨架"。

太平洋洋脊有些特殊，它不在太平洋中间，而偏于大洋的东侧。它从北美洲西部海域起，向南延伸作弧形走向，转向秘鲁外海，向南接近南极洲，通过南太平洋，然后折向西绕过澳大利亚，与印度洋洋脊的东南支衔接起来。

三大洋的洋中脊是彼此互相联结的一个整体，是全球规模的洋底山系。它起自北冰洋，纵贯大西洋，东插印度洋，东连太平洋海隆，北上直达北美洲沿岸。全长达8万多千米，相当陆地山脉的总和。

连续的大洋中脊体系围绕地球呈环状，是迄今为止最长的地质构造。虽然大洋中脊被深深的海水所淹没，但它是地球上最显著的构造特征，超过了大陆上所有主要山脉组合在一起的面积。

在连续的地壳运动过程中，移动的岩石圈板块形成了新洋壳。俯冲的岩石圈通过地幔循环，随着全球12个左右的大洋中脊重新喷出岩浆，产生了一半多的地壳。在海底新玄武岩的增生对位于大陆之下的岩石圈板块生长起了重要作用。

在大洋中脊轴部的海底主要由玄武岩组成，玄武岩是喷发到地表最常见的岩浆岩。每年约5立方英里的新玄武岩增加到地壳上，主要分布在海底扩张中脊。随着远离轴部，覆盖在裸露的岩浆岩之上的沉积层变厚。当两个新分离的板块从裂谷处分离时，软流圈的物质黏贴在边缘上形成新岩石圈。离

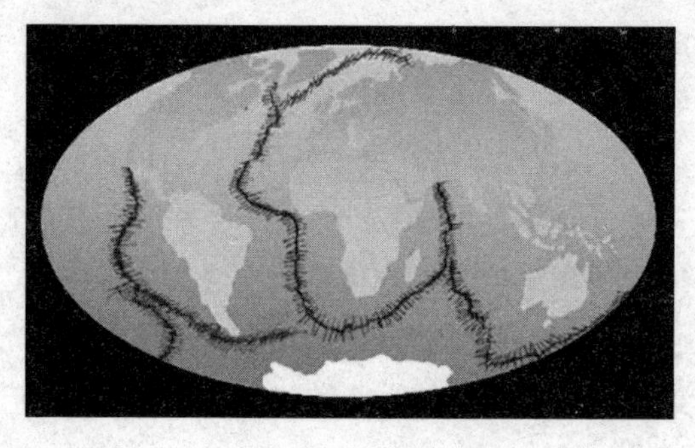

全球大洋中脊示意图

大洋中脊裂谷体系越远，岩石圈板块逐渐变得越厚，从而造成板块向深处下沉进入地幔。这就是环大西洋盆地靠近大陆边缘的海底是大西洋中最深处的原因。

沿大洋中脊强烈的地震和岩浆活动表明，大洋中脊是地球内部高热流的出口，从地幔产生的熔融岩浆通过岩石圈上升，并把新形成的玄武岩增加到大洋中脊轴部两侧。岩浆流动性越强，海底扩张越快，地形越低。由于太平洋的扩张中脊比大西洋扩张中脊更活跃，因此，太平洋的扩张中脊未被抬高。因为岩浆无机会堆积成高山，所以快速扩张的大洋中脊未形成一定高度。缓慢扩张中脊的轴部以裂谷为特征，裂谷深数英里，宽 10 ~ 20 英里（1 英里≈1.61 千米）。

一系列紧密排列的断裂带切割了大西洋近赤道的中大西洋中脊。这些构造中最大的是罗曼希断裂带，该断裂带偏离近东西向的大洋中脊轴部约 600 英里。罗曼希海沟底部位于海平面之下 5 英里，海沟两侧中脊最高部分位于海平面之下不到 1 英里，形成垂直地貌的高度是大峡谷深度的 4 倍。大洋中脊最浅部分被珊瑚礁覆盖，表明 5 亿年前它曾位于海平面之上。许多相似的或相同的挤压断裂带分隔了该区域，由一系列谷地和横向山脊组成，其宽度约数百英里。这种地貌在规模和险峻程度方面与世界其他地方不同。

在太平洋，称为东太平洋隆升的裂谷系从南极圈到加利福尼亚湾延伸了 6000 英里，它位于太平洋板块的东部边缘，是太平洋板块和可科斯板块的边界，它是中大西洋中脊的对应部分以及世界上最大海底山链的一部分。裂谷体系是大洋中脊的一部分，大部分位于约 1.5 英里的深处，每条裂谷都是一条狭窄的裂缝带，此处洋壳板块以每年约 5 英寸（1 英寸 =2.54 厘米）的平均速率分离，这就造成了海底较小的地形起伏。快速扩张中脊的板块活动带往往十分狭窄，宽度一般不到 4 英里。

海底地震

海底地震是地下岩石突然断裂而发生的急剧运动。岩石圈板块沿边界的相对运动和相互作用是导致海底地震的主要原因。海底地震主要分布在活动大陆边缘和大洋中脊，分别相当于洋壳的俯冲破坏与扩张新生地带，两地带的地震活动性质截然不同。海底地震是海啸发生的重要原因之一。

海洋最深的地方——海沟

打开世界地图，一个奇怪的现象立刻映入眼帘，在太平洋西侧，有一系列的群岛自北而南呈弧状排列着。它们是阿留申群岛、千岛群岛、日本群岛、台湾岛、菲律宾群岛、小笠原群岛、马里亚纳群岛等，人们送它们个雅号，叫作“岛弧”。岛弧像一串串珍珠，整齐地点缀在太平洋与它的边缘海之间；像一队队的哨兵，日夜守卫、警戒在亚洲大陆的周边。

无独有偶，与岛弧的这种有趣的排列相呼应的是，在岛弧的大洋一侧，几乎都有海沟伴生。诸如阿留申海沟、千岛海沟、日本海沟、琉球海沟、菲律宾海沟、马里亚纳海沟等，几乎一一对应，也形成一列弧形海沟。岛弧与海沟像是孪生姊妹，形影相随，不即不离；一岛一沟，显得奇特可贵。其他的大洋也有群岛与海沟伴生的现象，如大西洋的波多黎各群岛与波多黎各海沟等，在地质构造上也大同小异，不过没有太平洋西部这样集中，也不这么突出与典型罢了。如此有趣的安排，不是上帝的旨意，而是大自然的内在力量的体现，是大洋底与相邻陆地相互作用的结果。

海沟是海洋中最深的地方，它却不在海洋的中心，而偏安于大洋的边缘。世界大洋约有 30 条海沟，其中主要的有 17 条。属于太平洋的就有 14 条，且多集中在西侧，东边只有中美海沟、秘鲁海沟和智利海沟 3 条。大西洋有 2 条（波多黎各海沟和南桑威奇海沟）。印度洋有 1 条，叫爪哇海沟。

海沟的深度一般大于 6000 米。世界上最深的海沟在太平洋西侧，叫马里亚纳海沟。它的最深点查林杰深渊最大深度为 11034 米，位于北纬 11 度 21

分，东经 142 度 12 分。如果把世界屋脊珠穆朗玛峰移到这里，将被淹没在 2000 米的水下。海沟的长度不一，为 500～4500 千米。世界最长的海沟是印度洋的爪哇海沟，长达 4500 千米。有些人把秘鲁海沟、智利海沟合称为秘鲁—智利海沟，其长度达 5900 多千米。据调查，这两条海沟虽然靠近，几乎首尾相接，但中间有断开，目前尚未衔接起来。海沟的宽度在 40～120 千米之间，全球最宽的海沟是太平洋西北部的千岛海沟，其平均宽度约 120 千米，最宽处大大超过这个数，距离相当于北京至天津那么远，听起来也够宽了，但在大洋底的构造里，算是最窄的地形了。

经过科学家们多年的调查得知，海沟是海洋里最深的地方，它的剖面形状，像是一个英文字母“V”，但两边不对称，靠大洋的一侧比较平缓，靠大陆的一侧比较陡峭。靠大洋的一边是玄武岩质的大洋壳，这里的地磁场成正负相间分布，清楚地记录着地磁场在地质史上的变化；在靠大陆的一边，则是大陆地壳，玄武岩被厚厚的花岗岩覆盖，没有地磁场条带异常表现。这说明沟底是大陆与大洋两种地壳的结合部，但它们在这里并不和睦相处，而是相互碰撞；如两个“大力士顶牛”。因大洋地壳的密度大、位置低，又背负着既厚又重的海水，实在抬不起头来，只好顺势俯冲下去，潜入大陆地壳的下方，同时也狠命地将陆地拱起，使陆壳抬升弯曲成岛。这就是海沟为什么多半与岛弧伴生的原因。岛弧一边得到大洋底壳的推力，就会不断升高，靠陆一侧的沟坡也必然变得陡峭，自然成了现在的面貌了。

世界最长的山系——中央海岭

若有人问你哪条山脉最长？你一定是从地图上去寻找那些陆上的著名山脉：亚洲的喜马拉雅山脉、欧洲的阿尔卑斯山脉等。其实，世界上最长的山系不在陆地上而在大洋中，它就是中央海岭。

我们知道，陆地上高低起伏，有高山、平原、盆地、河流等。通过对海洋的调查，人们发现，大洋底也像陆地表面一样，高低起伏，同样有高山、平原、丘陵和盆地。对于海底地貌的命名，人们常在其前面加个“海”字，以与陆地上相区别，如海岭、海丘、海盆等。在洋底有世界上最平坦的平原，也有很高的山峰，它的高度比陆地上的最高峰——珠穆朗玛峰还要高。例如，太平洋中的夏威夷岛，该岛的主峰高出海平面4170米，若加上海面与海底的高度5000~6000米，它与海底的相对高度将近10000米。另外，洋底还有世界上最长的山系，那就是纵贯大洋中部的中央海岭。

大西洋正中高耸的地形，看上去就像互相连接起来的鱼脊骨，但这只是全球性中央海岭系的一段。大洋底纵贯着一条连续延伸达65000千米的中央海岭体系——洋中脊。洋中脊的地形在各大洋底的表现有所不同，在大西洋和印度洋，位于大洋的中部，其边坡较陡，称为大西洋中脊和印度洋中脊；在太平洋，海岭则位于大洋东侧，其边坡较缓，称为东太平洋海隆。

洋中脊

科学家通过多年的研究，发现在大西洋中脊的轴部，有深1~2千米的断裂谷将洋中脊劈开。中央断裂谷在大洋中脊有广泛的分布，它们有与陆地相连接的趋势，有的科学家称之为“全球性裂谷系”。

从大洋底地貌图可以看出，大西洋中脊北起北冰洋，向南呈S形，与大西洋两侧海岸线相平行延伸，而后绕过非洲的好望角与印度洋中脊的西南支相接，平面上呈人字形；印度洋中脊的东南支与太平洋海隆相接；太平洋海隆北端伸入加利福尼亚湾；印度洋中脊北支伸入亚丁湾、红海，与东非大裂谷相接；大西洋中脊北端延至北冰洋。其中，大西洋中央海岭的相对高度大都在2~3千米，宽数百至一二千米，它几乎占了大西洋1/3的面积，其大小远远超过了陆地上的阿尔卑斯山或喜马拉雅山。

大洋中脊的岩石组成是以火成岩为主的，有一部分变质岩，其顶部的沉积层极薄。而陆地上的山脉有别于此，其岩石是由沉积岩、岩浆岩和变质岩组成的。大洋中脊的中部被裂谷劈开，熔融的物质不断地从此处上涌。

大洋中脊裂谷的谷底为新火山物质，火山岩呈新鲜的玻璃光泽。洋底玄武岩的构造像枕头一样，故称为枕状构造，它常为断裂所切割。通过对大西洋中脊裂谷的观察还发现，裂谷内有大量的盾状火山及不大的火山口，谷底布满着枕状火山熔岩。大洋裂谷的运动速度各处不一，例如，东太平洋海隆在加利福尼亚湾口处，以每年 6 厘米的速度向外扩张；在太平洋复活节岛附近，以每年 18 厘米的速度向外扩张。

大洋中脊的地壳厚度小于正常大洋壳的厚度，一般比大洋盆地处薄 1000 ~ 2000 米，其轴部可薄 2000 ~ 6000 米。大洋中脊不是连续不断的，它常被与中脊轴线相垂直的转换断层所切割。中央裂谷和一系列转换断层活动的结果，形成了沿洋中脊轴部分布的浅源地震带，从而构成全球性的地震活动带。世界上每年发生的地震，许多都集中在这里。

大洋中脊是地球上大型的张裂带，它对于研究地球内部物质的构造和地球演化规律具有重要的科学意义。正由于这个原因，现在许多科学家乘深海潜水装置对大洋中脊轴部进行观察、测量、取样，这对于研究我们生活的地球具有深远的意义。另外，在大洋中脊沉淀的硫化物还是宝贵的矿产资源。

矿产资源聚集地——深海盆地

深海盆地是位于大洋中脊与大陆边缘之间，水深 2000 ~ 3000 米到 5000 ~ 6000 米的洋底地域。其洋壳厚度为 7 ~ 10 千米，又是硅质、钙质软泥、深海黏土等远洋沉积物的堆积区。一般情况下，这种上覆的沉积物在接近大陆边缘处厚度增大，在海沟附近其厚度可达 1000 米。深海大洋盆地中还形成深海所特有的铁锰质结核。

大西洋洋底，沿着大洋中线，大体从冰岛附近海底开始，往南直到南纬 50 度附近的布维岛，延伸着一条庞大的洋中脊，全长 19000 千米。还有多条横向山脊，它们以中脊为主轴，结成庞大的框架，切割出一块块排列整齐、形状规则的深海盆地，或简称海盆。此种地形被称为“棋盘式构造”。太平洋洋底（不包括边缘海）面积将近大西洋洋底的2倍，有海盆14个；印度洋洋底面积约当大西洋洋底的84%，有海盆7个；北冰洋海盆更少，仅有3个；而大西洋的海盆多数学者认定有19个，为深海盆地最多的大洋。它们以中脊为界，大小不等，深浅不一地分布在大西洋洋底的东西两侧。

深海盆地是各种矿物沉积的重要来源之一。除原先已知的矿藏外，新发现的海洋矿物资源矿床是数千年来在海底热泉附近积聚而成，海底热泉位于海底活火山山脉各处，而这些火山山脉蔓延全球所有海洋盆地。

海 丘

海丘是深海丘陵的简称，是指从海底升起不足1000米的丘陵。外形孤立、浑圆、椭圆形，也有长条状延伸的。海丘上部几无沉积物，底部宽约数千米，侧翼坡度1°~15°。海丘常分布于深海平原向洋中脊一侧，在各大洋均有发现，以太平洋最为多见，约占太平洋洋底面积的80%~85%。

海底“黑烟囱”——海底温泉

1977年10月，美国科学家乘“阿尔文”号深潜器，来到东太平洋海隆的加拉帕格斯深海底，在大断裂谷地进行考察时惊奇地发现：这里的海底上，耸立着一个个黑色烟囱状的怪物，它的高度一般为2~5米，呈上细下粗的圆筒状。从“烟囱”口冒出与周围海水不一样的液体，这里的温度高达350℃。在“烟囱”区附近，水温常年在30℃以上，而一般洋底的水温只有4℃，可见，这些海底“烟囱”就是海底的温泉。

科学家进一步考察，发现在海底温泉口周围，不仅有生物，而且形成了一个新奇的生物乐园：有血红色的管状蠕虫，像一根根黄色塑料管，最长的达3米，横七竖八地排列着，它用血红色肉芽般的触手，捕捉、滤食水中的

海底“烟囱”

食物。这些管状蠕虫既无口，也无肛门，更无肠道，就靠一根管子在海底蠕动生活。但它的体内有血红蛋白，触手中充满血液。有大得出奇的蟹，没有眼睛，却无处不能爬到；又大又肥的蛤，体内竟有红色的血液，它们长得很快，一般有碗口大。还有一种状如蒲公英花的生物，常常几十个连在一起，有的负责捕食，有的管着消化，各有分工，忙而不乱。这里的生物很有特色，其乐融融，成了真正的“世外桃源”。科学家称这里为“深海绿洲”。这里处在水下几千米的海底，没有阳光，不能进行光合作用，没有海藻类植物，这里的动物靠什么生活呢？科学家们研究认为：这里水中的营养物极为丰富，是一般海底的300倍，比生物丰富的水域也高3~4倍。这里的海洋细菌，靠吞食温泉中丰富的硫化物而大量迅速地蔓延滋生，然后，海洋细菌又成了蠕虫、虾蟹与蛤的美味。在这个特殊的深海环境里，孕育出一个黑暗、高压下生存的生物群落。看来，“万物生长靠太阳”的说法，在这里不适用了。这是科学家们意外的发现。但是，实验表明，这个深海底特殊的生物乐园，生命力是脆弱的，一旦把它们移到海面，在常压情况下，它们一个个都命不久长，死的死，烂的烂，顷刻间土崩瓦解。

海底温泉，不但养育了一批奇特的海洋生物，还能在短时间内，生成人们所需要的宝贵矿物。那些“黑烟囱”冒出来的炽热的溶液，含有丰富的铜、铁、硫、锌，还有少量的铅、银、金、钴等金属和其他一些微量元素。当这些热液与4℃的海水混合后，原来无色透明的溶液立刻变成了黑色的“烟柱”。经过化验，这些烟柱都是金属硫化物的微粒。这些微粒往上跑不了多高，就像天女散花从烟柱顶端四散落下，沉积在烟囱的周围，形成了含量很高的矿物堆。人们过去知道的天然成矿历史，是以百万年来计算的。现在开采的石油、煤、铁等矿，都是经历了若干万年后才形成的。而在深海底的温泉中，通过黑烟囱的化学作用来造矿，大大地缩短了成矿的时间。一个黑烟囱从开始喷发，到最终“死亡”，一般只要十几年到几十年。在短短几十年的时间里，一个黑烟囱，可以累积造矿近百吨。而且这种矿，基本没有土、石等杂质，都是些含量很高的各种金属的化合物，稍加分解处理，就可以利用。这是科学家在海底温泉的重大发现。

海底温泉

这种海底温泉多在海洋地壳扩张的中心区，即在大洋中脊及其断裂谷中。仅在东太平洋海隆一个长 6 千米、宽 0.5 千米的断裂谷地，就发现 10 多个温泉口。在大西洋、印度洋和红海都发现了这样的海底温泉。初步估算，这些海底温泉，每年注入海洋的热水，相当于世界河流水量的 1/3。它抛在海底的矿物，每年达十几万吨。在陆地矿产接近枯竭的时候，这一新发现的价值之重大，就不言而喻了。

海底探险的蛙人时代

HAIDI TANXIAN DE WAREN SHIDAI

在人类还没有发明最简单的水中航行工具之前，人类就已经在水中探寻了，或许这与最初的生命体诞生于水中有着不可分割的关系。早期人类潜入水中多半是为了寻找食物或器物，后来，这种行为逐渐成为了一种职业，这些潜水的人被美其名曰“蛙人”。随着潜水技能的发展和潜水工具的出现，蛙人也逐步升级，服务的领域也较之前有了显著的区别，迎来了潜水的蛙人时代。

蛙人的出现

当人类尚未掌握最简单的制造独木舟技术之前，人们已赤足涉到海边捉蟹挖贝壳，或者把搁浅在滩上的大鱼拖拉上岸。可以确信，人类的潜水也是同时发生的，因为人有屏气的本领，可以憋住气潜到浅层的海底寻找食物。

这些潜水的人往往被称为“蛙人”。虽然他们仅活动在十几米深的浅海，但他们却代表人类迈出了海底探险的第一步。

关于蛙人的最早记录大约是在公元前5世纪中叶，当时的波斯国王埃里克斯为了打捞几艘沉船中的珍宝，雇用了希腊蛙人斯凯里斯和他的女儿赛安。

斯凯里斯父女俩是优秀的蛙人，他们有相当高超的技术，能在海底工作

很长时间，所以在希腊蛙人间享有很高的声望。他和女儿到了波斯，先与国王谈好条件：捞起的珍宝三七分。国王答应了。但当斯凯里斯完成工作后，国王埃里克斯翻脸不认账，企图独吞珍宝。斯凯里斯朝女儿打了个手势，俩人同时跳入水中，把波斯船的锚绳全部砍断。这样船被巨浪推来涌去，几乎倾覆，把埃里克斯吓出一头冷汗。这时斯凯里斯从水面露出头来，让国王把他应得的一份交给他。这回国王只好照他的话做了。斯凯里斯得了珍宝，接着系好锚绳，就潜入水中不见了。

深海蛙人

父女俩咬着一根芦秆，在水下足足游了 16 千米，来到一个名叫阿特米速姆的小岛，上岸回希腊去了。

斯凯里斯的职业是在海底采集海绵。这是个很危险的职业，小船来到产海绵的海区，在蛙人下水的时候，装备只是一把刀、一只网兜和系在腰上的一根救生绳。当时在希腊和非洲有不少人从事这个艰辛的工作。当蛙人在海底采集到海绵之后，拉一下救生绳，船上的人就把他拉上来。蛙人有时因为肺里的氧气消耗尽而窒息死去，有时则会被藏在礁石里的大章鱼的腕足拖住，这时任何救生绳也救不了他的命。

自从地球上产生人类，战争的噩梦就一直困扰着万物之灵。纵观历史，便会发现人类的每一项新发明，往往会首先服务于战争。本来用于航运的船被改造成为军舰，本来用于开山造田的炸药，变成杀人的炮弹……同样，从远古到近代，人类走向海洋的每一步，与其说是为和平而探险，还不如说是为战争而作准备。

希腊史学家修昔底德早在公元前 5 世纪就说过：“人们不只是为珍珠、海绵和值钱的东西才潜到海底的。军事将领也清楚地认识到，在完成特殊的任务时，蛙人有很大的便利，不至于被敌人发现。”这位史学家参加过著名的伯罗奔尼撒战争，他在他所著的史书中，详细记叙了希腊人如何借助于蛙人攻破叙拉古城的。

不过，用蛙人从事海战的活动可以追溯到更古老的岁月。公元前 1194 ~ 1184 年，古希腊人与特洛伊人之间发生了持续 10 年的战争。海战中，双方的蛙人大显身手，含着空心的芦秆呼吸管潜到水底，伺机砍断敌船的锚绳，扰乱敌船的阵线，或者潜至敌方的港口，窃听敌指挥官的谈话。

海　绵

海绵是一种最原始的多细胞动物，没有嘴，没有消化腔，也没有中枢神经系统，布满全身的小孔内长着许多鞭毛和一个筛子状的环状物，可用鞭的摆动收进海水，海水带进氧气、细菌、微小藻类和其他有机碎屑，再经环状物过滤，最后变为海绵维计生存的养料。海绵 2 亿年前就已经生活在海洋里，是一个庞大的“家族”。在海洋各处，均有海绵的身影，从潮间带到深海，从热带海洋到南极冰海均有分布。

潜水器和潜水服的发明和利用

人们在漫长的岁月中逐渐发现，依仗天然的器具如某些植物的空心茎秆潜泳，只能在水体表层活动。

为了能更长时间留在海中或在海底作业，人们就想方设法制造潜水工具。据著名的《亚历山大远征记》记载，在公元前 332 年左右，亚历山大亲自率兵封锁泰尔港，对方的蛙人不止一次地割断船的锚绳，使船队发生混乱。亚历山大坐在一个木头做的桶形潜水器里，下水观察被破坏的情况和了解敌方海底栏栅的设置。这个木制的桶状物很可能是现代潜水钟的雏形。这场战争打胜之后，亚历山大仍经常乘着它下水，观看海底千姿百态的鱼类世界。

在亚历山大以后近 1900 年，意大利人塔尔哥利亚在 1554 年发明了木质

球形潜水器。这种潜水器的构造主要由座舱和压载舱两部分组成，座舱装有绞盘，缆绳系在压载舱上，通过机械传动改变浮力，由此来控制升降。虽然人们怀疑它能否潜入水中，但它的设计思想独树一帜，对以后潜水器的研制产生了巨大的影响。

深海潜水服

1714年，英国的约翰·莱瑟布瑞斯别出心裁地制造出一只奇异的木桶潜水器。它的设计十分巧妙，顶端是可以打开的密封盖，潜水员从这里进出水桶。侧面上部有一个观察窗口，下部有两个密封套筒，人的双手可以从这里伸出桶外进行水下作业。莱瑟布瑞斯把木桶吊在一艘旧船下，在普利茅斯和马德拉等地的近海进行潜水表演，结果大为成功。

但是，用各类潜水器作海底活动有一个不可克服的障碍，就是只能在固定的地点作极小范围的潜水活动。人在无驱动力的潜水器里，其情状极像关在笼里的小鸟，于是，人们立志研制更为自由自在到达海底的器具。

1782年8月，新下水的英国“皇家乔治”号帆船战列舰停泊在斯匹蒂德港内，参加在这里举行的接收庆典。1300多人聚集在码头上，边喝酒边等待。这时，突然有人发现船漏水，水兵们到船底作简单处理后，便上甲板搬动舰炮。他们把108门舰炮全都搬到战列舰的一侧，准备作进一步的修补。这时庆典开始，码头上的人拥上战列舰。顷刻，船倾斜了，在短短的几十分钟里，“皇家乔治”号沉没了，溺死者达900余众。“皇家乔治”号静静地躺在25米深的海底，船的桅杆却露在海面上。

在长达40年的时间内，沉船一直是影响航行的水下障碍。海军部想尽办法打捞，并动用各种各样的潜水器，都没成功。后来听说有个叫奥古斯特·西埃贝的法国人发明了一种特别的潜水工具，就让他来试一试。

西埃贝原是法国的一个炮兵上尉，效忠于拿破仑。拿破仑失败后，他便来到英国，继续他那被战争中断的潜水研究。1819年，西埃贝创造出世界上第一套潜水服。这套潜水服有一个铜制的头盔，下接皮制垫肩。头盔上端有管线通到水面的手动气泵，提供潜水员呼吸用的气体，废气则从衣服下端的缝隙中透泄出去。这套潜水服使人在海底的活动空间大大增加了。

西埃贝携带着潜水服来到沉船的现场，他潜了下去。通往沉船中心部位的通道一片漆黑，他脚下经常能踩到死人的遗骸。他忍住恐惧，像瞎子一样到处乱摸。船梯又陡又滑，杂乱的器械和火炮常常挡住他的路。最危险的还是头盔上的那根供气管，倘若它被东西夹住或者扯断，脚下被海水腐蚀的人骨就是他的明天。阴冷、恐怖、黑暗和危险始终像幽灵在他的周围徘徊着。

在以后的4年里，这个近代蛙人数十次地潜海作业，数十次地改进他的潜水服，最后把它造成今天尚在使用的“重潜水鞋”型潜水服的样子，终于把“皇家乔治”号打捞了上来。

潜水钟

潜水钟是一种无动力单人潜水运载器，由于早期的潜水器是由一个底部开口的容器，外形与钟相似，所以得名潜水钟。早期略具规模的潜水钟开口在下，由管子从海面上将空气送进来。现代潜水钟大多数已改为全封闭结构，外形也有很大改变，但仍沿用旧名。潜钟内的空间里充满新鲜的空气，以供其内的人员呼吸。

现代蛙人的“海中人计划”

潜水服的发明对潜水活动产生了巨大的影响。当人们广泛使用头盔式潜水服的同时，各类海底探险活动便开始了。

然而海洋依旧是严厉的，它并不因为潜水服的出现而向人们敞开它的胸怀。人类还只能在浅海中的海底里自由地来去，一旦潜水的深度超过12.5米，人便会得一种无法治愈的疾病，有许多人甚至一出海面就立即命归黄泉。

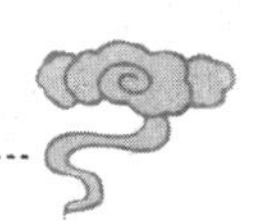

一个世纪以来，人们为此百思不解。

英吉利人亚历山大·兰伯梯是19世纪最负盛名的潜水员之一。他踏波踩浪，在海底遨游，创造出不少潜水史上的奇迹。在1885年的一天，他潜到50米深的海底，那里有一艘装有黄金的沉船。他以娴熟的潜水技术穿过3层甲板，又在舱廊里走了好远，撬开每一扇锈住的舱门，最后在船长室旁边的一个小库房里，找到了藏宝的箱子。他从海中打捞出50万美元的黄金。

深海探寻

但是当天晚上，兰伯梯就感到浑身不舒服，头昏、耳鸣、想呕吐、眼睛忽张忽闭……那天之后，他在潜水舞台上永远消失了。

在这以前的两年，即1883年，美国人已经初步了解这种奇怪病症的原因。那年美国为修建联结布鲁克林和纽约的一座大桥，采用了沉箱作业。沉箱是潜水器的一种。工人乘它下沉到23米深的水底作业。沉箱里的空间很小，工人们在近两个半大气压的条件下挖河床，运石块，浇灌混凝土。连续工作几个小时后，出了水面，大多数人立即出现手脚痉挛，关节浮肿，头晕目眩，有的甚至变得弯腰曲背，患了“屈肢症”。

“屈肢症”严重影响了大桥建设的进度，于是人们请来了曼哈顿医院的医生安德鲁·史密斯。

史密斯长时间地观察潜水工人，并作了大量笔记。他使用各种方法企图来减轻工人的病痛，但均未见效。最后，他终于找到了一个灵验的办法，就是替病人加压或减压，来治疗“屈肢症”。

然而，真正确切发现“潜水病”的是英国人柯尔登。1907年，他对该病进行了详尽的研究，并且找到了疾病的原因：人体在深水高压之下，吸入空气中的中性气体如氮气会大量溶解于人的组织之中。当人体快速上浮时，这些气体来不及通过肺部呼出，就会在血液、肌肉、关节等处形成许多小气泡，这样就会造成关节疼、头疼、神经障碍等，严重的还会使人全身瘫痪，直至死亡。柯尔登经过试验确定：12.5米是一个界限，在这之上潜水不需在水中减压，直接出水不会患病；超过这个深度潜水就需分阶段减压，潜得愈深，所需减压时间就愈长，以便让溶解在体内的中性气体充分逸出。

柯尔登发明减压表后，虽然使潜水员免受“潜水病”之苦，但却解决不了人在深水高压中的另一种奇怪的病症：海底“酒醉”。这种病的症状是莫名其妙地多嘴多舌，兴奋得无故大笑，或者不由自主地手舞足蹈，直至呼呼大睡，摇撼也不能惊醒。

为了避免潜水病的残害，人们发明了减压设施。减压使得潜水的时间和潜水的深度受到严格的限制，如潜到90米的深处呆1小时，减压时间为7.6小时；而潜到180米的深处停留4分钟，则须花11.5个小时减压才行。然而，海底“酒醉病”仍是人类无法逾越的障碍。1935年，美国人贝尔卡解开了迷惑人类约半个世纪之谜。原来，“酒醉病”的元凶依旧是空气中的氮。当高压空气中氮气的压力达到一定数值时，就会对人的神经细胞产生直接的抑制作用，从而导致人的昏迷。“酒醉病”实质上是“氮麻醉”。

病根一旦找到，人们就开始寻找解决办法，首先想到的取代气体是氢。1937年，瑞典人凯斯进行了试验，他在高压舱内10个大气压下呼吸了6分钟的氢、氮、氧的混合体，没有观察到任何人机体的“酒醉”反应。1943年，瑞典人泽尔·斯托姆成功地进行了5次呼吸氢、氧的潜水，最深达100米。第二年，他再次佩戴潜水器具下潜到160米的深度，再次成功了。但是在他减压出水的时候，由于水面人员的操作失误，把他乘坐的操作台过快地提出水面，当即使他患潜水病而死亡。斯托姆的父亲悲痛欲绝，后来，他继承了儿子的遗志，进行潜水试验。但灾难又一次降临，在一次实验中，他也因氢气爆炸而不幸死去。

人们只能另辟蹊径，决定用惰性气体氦试一试。1956年，英国海军作了一次深度为186米的氦、氧潜水试验，情况似乎还算理想。同年，中国人在南京长江大桥的建设工程中，也使用了氦、氧潜水作业，共潜水74人次，水下工作时间最长为50分钟。1971年，中国人又进行一次146米的氦、氧现场潜水。1981年，在实验室里作了一次302米的氦、氧饱和模拟试验，在该模拟深度停留了43.5个小时。

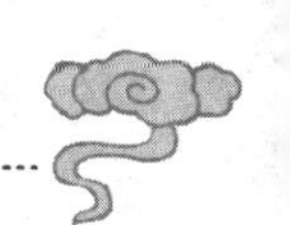

然而，西方一些国家发现氦固然比氮安全，但氦的导热系数和热容量都比氮大，因此呼吸氦、氧会使人的体温散失过大。美国的一名潜水员曾由于过于寒冷而死去。此外氦也有类似氮的麻醉作用，当下潜到200米的深度时，语言失真，讲起话来发出类似鸭叫的声音。所以经过试验，人们发现在氦氧混合气体加上适量的氮气反而更好。

1977年10月15日，法国海军在地中海进行了代号为“JANNSIV”的现场饱和潜水，呼吸氦、氮、氧三元气体，深潜到460米。10月20日，又有3人巡回潜至501米，创下了人类潜水的新纪录。3年之后，美国的霍尔实验室作了呼吸三元气体下潜的模拟试验，深度达到了650米。

千百年来，深邃的海洋唤起多少人的梦想，又有多少潜水者为之付出了宝贵的生命。然而，直到宇航员已能在高高的太空翱翔的时候，近在身边的海底却不能供人们自由漫步。海水的巨大压力像不可突破的森严壁垒，把人类与海洋隔绝开来。虽然有不少勇敢的蛙人凭借潜水服能到达海底，但潜水病、氮麻醉和漫长的减压过程，只能使他们成为浅海海底的短暂游客。

为了突破人类传统的居住环境，到海洋中间去生活，美国人爱德温·林克迫不及待地加入了海底探险的行列。林克原是一位飞行员，天空虽然可以寄托他的部分豪情，但海洋更能激起他的雄心。

1958年，乔治·邦德发表了关于“饱和潜水”的理论，该理论认为只要深度不变，潜水员在那里呆足够的时间，就会使溶解在人机体中的气体达到饱和，而一旦达到饱和，人不管在水中住多长时间，气体的总量就不会改变，出水后的减压时间也不会增加。林克了解这理论后，马上着手他的“海中人计划”。

为了实现计划，林克先在地中海沿岸维尔弗朗什近海作了一次试验。1962年8月27日，林克乘电梯降到了18米深的水下居住室，在里面呆了8小时，然后又回到水面，经9小时的减压后，一切正常。第二天，他再次下到水下居住室，在含氦79%、氧21%，约2.8个大气压的混合气体中用餐。林克并没感到不舒服，但是水面上的人则从听筒里觉得他讲话太快，就像录音机的磁带转动过于迅速一样。

林克在水下呆了14个小时后顺利返回地面，减压后，他满怀信心地回到欢迎他的人们中间。“海中人计划”看来确实可行。林克找来了当时世界上最好的潜水员罗伯特·斯坦纽特，请他参加在60米水深处的长期水下生活试验。

斯坦纽特欣然从命，下到了60米深的水下室。那时已知道在过大的压力下，氧气也会中毒，所以在混合气体中的氦含量高达97%。这样一来，母船上的人一点也听不清斯坦纽特的讲话，就连“是”与“不是”也分不清。于是斯坦纽特只好采取发有线电报的方法联络。

斯坦纽特有好几次离开居住室到水中游泳，又从水中回到居住室里吃饭、睡觉。他在水下一共待了20小时，并且还想在里面继续住1~2天。当他把要求告诉林克时，林克却命令他立刻返回海面。

斯坦纽特被提出水面，接着被送进减压舱。在这过程中，林克没跟他讲一句话，所以他感到十分恼火。其实，斯坦纽特不知道问题的严重性，因为呼吸的氦气消耗过多，剩下的氦气只够勉强维持减压所用。林克未把真相告诉他，仅向他发出返回的命令，只是为了使他不至于紧张。

林克派摩托小艇去岸上取氦气。当小艇迎着风浪，取到14瓶库存的氦气返航时，风暴骤起，航行极度困难。驾驶员知道他所担负的任务重大，便坚持飞速行驶。但也许是驾驶员过于着急，小艇不幸倾没，14瓶氦气也全部沉入海底。

斯坦纽特在减压舱里依旧生着闷气，但没有办法，只好在棺材般的小密封舱里“活埋”了下来。渐渐地他的情绪好了起来，再说减压舱温暖，光线也柔和，氦和氧的混合气体闻起来味道芬芳，还有点甜蜜。一日三餐按时从闸门里取出香喷喷的饭菜。他除了有点寂寞外，其他未感不便。可是不久，他觉得手腕有些疼痛，而且越来越厉害，后来忍不住哼了起来。林克意识到是减压速度太快的缘故，于是，他让减压舱重新加压，14小时后，疼痛消失了。经过3天零20小时30分钟的减压，斯坦纽特精神愉快地走出了减压舱。

林克取得了首次成功。一年之后，他充满信心地来到巴哈马群岛，开始向130米的深度进军。

这次水下居住室是用橡胶做的膨胀篷，长2.4米，宽1.2米，像根粗大的红肠。外面漆成红色，是为了防止鲨鱼的袭击，因为鲨鱼害怕红色。橡胶篷里充满氦、氮、氧的混合气体，用4吨重的锚把它固定在130米深的海底。林克把它取名为“海中人”2号。

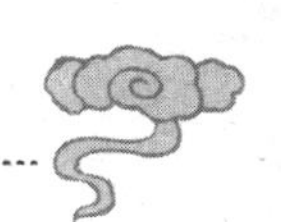

这次的潜水员有2个，除了林克的老伙伴斯坦纽特外，又多了一个健壮而腼腆的年轻潜水员约翰·林德别尔格。他们为了适应环境，先在美国的基维斯特近海的10米海底生活了两个月。

1964年6月30日上午，斯坦纽特和林德别尔格进入密封电梯。3个小时后才缓慢降到“海中人”2号的附近。为了使电梯的压力和海底的压力一致，通过管道，已把电梯中的压力加大到14个大气压。这时混合气体里含氦90.8%，氮5.6%，氧3.6%。

下午1点30分，两位现代蛙人穿上潜水服，走出电梯，钻入水中。电梯距“海中人”2号仅5米远，他俩连潜水面罩也没戴就游了过去。当他们兴冲冲走进去时，出现了他们意想不到的情景：室内漆黑一片，伸手不见五指，暖气阀门也失灵了，寒意阵阵袭来。他们打开手提电灯，准备修理电源开关和暖气阀门，不料，手提电灯被高压压炸了，室内又陷于一片黑暗。

偏巧在此时他们又嗅到一股难闻的气味，他们的呼吸急促，心跳也加快了。他们立刻意识到，空气净化器出了毛病，室里由于他们的呼吸而使二氧化碳越积越多。他们立刻提着坏了的空气净化器走出去，回到电梯里，向母船上的林克报告。

林克也心急如焚，降下一根绳子把净化器吊了上去。两位现代蛙人一直在电梯里等了5个小时，修好的净化器才送了下来。

他们又回到“海中人”2号，摸黑安装净化器。他们知道，橡胶篷里的空气只允许他们工作14分钟，超过这个时间就会被二氧化碳窒息而死。但这情况没出现，到了11分钟，空气净化器启动了，他们总算放下心来。

他们又修好了电灯，可是暖气阀门无论如何都修不好，所以他们干脆穿着三件毛衣睡觉。但是寒气袭来，冷得他们怎么也睡不着，于是就穿上潜水服到室外去“游逛”。

后来，他们感到冷得实在挡不住了，又回到“海中人”2号。林德别尔格想用运动发些热量，就去摆弄暖气阀门，说也怪，暖气装置竟然神奇般地修好了。于是他们开始吃饭和睡觉。

7月2日13点20分，“海中人”2号里传来林克的命令：所有试验都已经完成，作好上升的准备。他们虽然留恋这块海底，但也只得服从命令，进入电梯。电梯升到海面，他们却不能马上走出来，继续留在电梯里减压。

4天后，他们安全地走出电梯，重新呼吸正常大气压下的自然空气。根据邦德的饱和潜水理论，人纵然在130米的海底深处生活两个月，甚至两年，他们的减压时间也只需4天。

“海中人计划”的圆满成功，使人在海底居住的希望得以实现。从此，更多的深海居住实验在各个国家开展起来。

减压病的症状

减压病最常见的症状是疼痛，通常出现在上肢或下肢关节或邻近关节处（“屈肢症”）。有时这种疼痛很严重，但疼痛部位常常没有触痛和炎症，也不影响运动。神经系统症状差异很大，从轻微麻木到脑功能异常。少见的症状有瘙痒、皮疹和极度疲劳。减压病的晚期影响包括骨组织坏死，特别是肩部和髋部产生持续性疼痛和严重病变。

潜水挑战和“海底居住”试验

爱德温·林克的成功极大地刺激了法国人库迪·贾奎斯·伊伟思。与林克不同，库迪是个潜水专家。早在第二次世界大战前，他就与几位同道好友，组成了蛙人小团体。他们发明了水中眼镜、水中鳍和水肺。最早的水肺使用的是纯氧，因此潜到较深的地方非常危险，库迪有两次差一点溺死。他们就想到研究水中呼吸器，以适当的压力，自动送出空气。

就在这时，第二次世界大战爆发，库迪应征入伍。不久，法国战败，库迪被遣散出军队，于是他重筹他的蛙人小团体。

1942年，他认识了瓦斯专家卡克尼·爱米尔，他们决定要研究一种水下呼吸的新方法。他们从公元前的亚里士多德那里得到启发。亚里士多德曾发明用瓦瓮装空气的方式潜到水底，但是由于瓦瓮的体积太小，携带的空气不多，所以潜水的时间不长。库迪和卡克尼绞尽脑汁，终于制造出了人类第一部水下呼吸器。虽然在塞纳河里的试验中，呼吸器中的大部分气体变成气泡

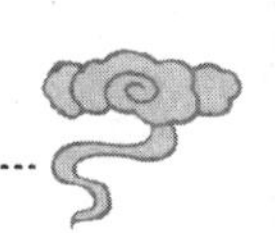

白白逸失，但库迪却感到呼吸舒畅。然而当他试图倒立时，呼吸器却断了气，他差一点被闷死。

1943 年的 6 月，库迪和妻子与他的旧日蛙人团体的伙伴菲力普 · 迪马出发了，他们到达了法国南部的地中海沿岸，在里昂湾里找到一个僻静的地方。他们的行动非常小心，生怕被德国占领军发现，因为一旦被发现，很可能会被当作间谍论处。

他们背着圆柱形的压缩空气筒，上面有两根管子连接空气调节器，而空气调节器上也有两根管子连通面罩。他们穿上橡皮做的模拟蛙脚的脚蹼。库迪最先下水，迪马则在海边待命。库迪的妻子莫茹也是个女蛙人，她戴着水中眼镜，在库迪的上方游，随时监视他的行动，若有不测可以及时救他。

库迪安静而缓慢地潜入水中，轻松地呼吸着来自压缩空气筒里的新鲜空气。当他吸气时，可以听到嘶嘶的声音，呼气时，细细的气泡叶叶作响，并在他身后拖出一条白色的“飘带”。他站在海底的砂砾上，看到深绿色的海草，还有星状的、艳丽的海胆布满脚下。他向更深处游去，到了一个海底峡谷的边上。他用双手在腹部拍水，脚蹼使劲蹬水，下沉到达峡谷底部。他仰望水面，蓝晶晶地，像一面倾斜的镜子。在这面镜子里，他看到了他的妻子莫茹，于是他向她招招手，她也向他招招手。

他开始打滚，翻跟头，以优美的姿态快速地旋转。他又用一只手指支撑而倒立起来，这次背上的呼吸器没出任何故障，他成功了。以往的任何潜水，都需要母船从水面上供气，而现在用自携式呼吸器便能在海底自由活动。

这一个夏天，库迪和迪马在这里完成了 500 次自携式呼吸器下潜，深度从 15 米到 30 米。成功使他们产生了一个错觉：使用水中呼吸器不会受潜水病的影响，也不会有对机体的其他伤害。为此，库迪准备潜往更深的海底。

1943 年 10 月 17 日，他们来到一片较深的海区。先垂下一根刻有长度的绳子到海底，然后迪马潜入海中，担任救护的库迪尾随其后。不久库迪感到有些头昏眼花，他看到迪马不断地向看起来是褐色的海底潜进。这时迪马的情况也不妙，他想看看周围的情景，大概是太阳光线太弱，他的眼睛不适应的缘故，什么也看不清。他摸着绳子，知道自己到了约 30 米深的地方。他的自我感觉突然好了起来，内心充满了一种奇特的幸福感。这种甜蜜感催他昏昏欲睡……最终，他到达了 64 米的深度。

等他们全部上水面之后方才明白，空气呼吸器对克服“氮麻醉”并无奇效。他们通过亲身的体验，知道了氮麻醉会使人产生一种安全感的错觉，在脑中出现许多幻觉，如有一次迪马觉得身旁游过的鱼类会缺乏空气窒息，差一点要把自己的氧气筒卸下来，慷慨地赠给它们。还有一次，他以为自己带着香烟，双手不停地往怀里乱掏。

1947 年，库迪决意打破迪马的记录。为了更快速下潜，他手中握有很重的铁块，果真达到了目的。他发现愈接近海底，日光照到绿色的海里愈像一个七彩的晕圈。他摸到绳子 61 米的记号处，在系在绳上的传言板上写下自己的感受：“我闻到铁锈味道的压缩氮气，同时觉得有种酒醉的舒适。我发现自己分成了两个人，一个是愚蠢的自己被吊在绳子上面，另一个则清醒地注视着那个愚蠢的自己。很快，清醒的自我指示愚蠢的自我别发呆，赶快下潜。”

库迪快速地蹬水，到达 90. 5 米时，就在那里的传言板上签下自己的名字，然后把身上的铁块全部抛掉，身体就像子弹一样快速上升。此时他成了自携空气呼吸器到达最深处的世界第一蛙人。

1947 年的夏天过后，库迪等人试图再创下潜的新纪录。这次的急先锋由摩里斯·法魁斯担任。他一直往下潜进，偶尔用力拉一下绳子表示自己一切顺利。过了一会，这个向上传的信号断了，在水面船上的库迪大吃一惊，立刻与几个人一起跳下水去。他们找了许久，甚至在深达 46 米的地方也没见摩里斯的人影。

他们只好重新爬上船，捞起绳子。在 104 米的传言板上看到了摩里斯的首字母，这证明他刷新了库迪的纪录。突然，他们中的一个人喊了起来，大家发现不远处的水面上浮着摩里斯。但是，他已经死了，呼吸器的面罩脱落在他的胸前。库迪估计摩里斯致死的原因可能是氮麻醉造成错觉而酿成，所以从这之后，库迪等人再也不敢向氮气挑战了。

库迪此刻已过中年，他想洗手不干了。然而海洋已经成了他的灵魂，脱离大海的生活是他无论如何也不能忍受的。库迪不再认为自携式空气呼吸器能使人下到更深的海底，这不等于他不再使用空气呼吸器。每到风平浪静的日子，他依旧与妻子以及他的多年朋友，一起到温暖的海边，在浅海的珊瑚礁里寻找生命的乐趣。空气呼吸器一直是他们可信赖的助手。

他的执着的海底梦想使他转向于制造新的海底器具。他和他的好友们，

以往虽然有数千小时的潜水记录，但看到的仅是广袤海底的浮光掠影而已。在潜水器里，人们不仅能长期逗留，而且还能往更深处潜进。库迪设想潜水器这种人类的海底居住地应该是舒适和别有风趣的，相当于憩静的“海底住家”。

经过多年的努力，他在 1962 年 9 月，建造了人类第一座海底房屋——“大陆架据点”1 号，它位于法国南海岸边 10 米深的海底。库迪与其他两个伙伴在那里生活了一个星期。在这一星期中，他们的“海底居民点”试验受到了各方面的支援和关怀。

就在这时，库迪发现了一位狂热的竞争对手，那就是大洋彼岸正实行“海中人计划”的爱德温·林克。于是库迪也以相应的狂热来接受挑战。1965 年，他马不停蹄地设立了海中住屋——“大陆架据点”3 号。在这之前，他建造的“大陆架据点”2 号，使 5 个男子在海底 12 米的地方生活了一个月。接着“大陆架据点”2 号外移，直到 50 米的深处，有 2 名男子在里面生活了一周。

按计划，“大陆架据点”3 号是海底殖民的大试验。库迪认为：住在海中人们的一个最大的危险，就是依赖陆地的支援，这使海中居民会产生一种无所事事、不敢自奋自强的情绪。他强调“海洋居民”在没有遇到紧急的变故时，尽量避免陆上居民的帮助，以求自给自足。

“大陆架据点”3 号置放在水深 100.5 米的海底。“海底居民”是 6 个训练有素的现代蛙人，他们得在暗无天日的地方生活 3 个星期。

6 个居民一边劳动，做缝纫，加工机械，一边则大胆远离基地，潜至 113 米深的地方观察地貌和生物。这说明“海底居民”今后完全能胜任打捞沉船、开采石油，或者开垦海底牧场的工作。

3 周时间到了，6 个人一直生活在 11 个大气压的氦和氧的混合气体中。现在马上要上升了。他们转动特殊的机械，想把耐压舱的铁砂卸掉，以使球形的“大陆架据点”3 号从海底慢慢浮起。但是铁砂卸掉后，球体却丝毫不动，显然是它被海底淤泥吸附住了。

库迪在岸上向他们建议：用压缩空气注入原放置铁砂的空桶里。他们依照着做了，但球体还是不动。库迪有些着急了，再次建议；开大压缩空气阀门。终于见效了，“大陆架据点”3 号摇摇晃晃地摆脱了海底的“挽留”，慢慢地浮上海面。在岸上，经过 84 个小时减压，6 位“海底居民”再次成为陆地居民。

知识点

水 肺

水肺又叫自携式水下呼吸装置，是一种可以使潜水员在海底能够呼吸到与地面空气相同压力的空气的装置。人们潜入水中，可凭借它来自由呼吸。大多数水肺允许潜水员潜水2小时，利用这种呼吸装置，潜水员可潜入海底对古代沉船进行定位、测量及打捞等水下工作。

“潜海皇后”漫游海底

潜水并非是男子垄断的事业。公元前5世纪波斯王和斯凯里斯父女的故事，充分说明妇女潜水也有悠久的历史。在中世纪的中国和日本，到海底采集珍珠贝的几乎全是妇女。进入当代之后，妇女的觉醒，使她们成为了一支势不可挡的力量，走上了海底探险的舞台。

西尔维亚·厄尔是一个充满自信的女蛙人，她还是一个博士，对海洋生物学颇有造诣。

1979年9月，在所谓的“太平洋十字路口”的夏威夷，一只名叫“星”2号的深潜器来到离瓦胡岛11千米的海面上。“星”2号由母船下放抵达18米的深度，然后慢慢下潜。在它的下面，悬挂着女蛙人厄尔。

她穿着一件酷似宇宙服的潜水衣。这称为“吉姆式”的潜水衣，实际上是一种密封容器，耐压，里面保持着正常的气压。这样，蛙人上水后不必经过漫长的减压过程就能恢复正常的地面生活。“吉姆式”潜水服里面有特殊的装置，可以提供新鲜空气，清除二氧化碳。看起来潜水衣样子很笨重，但实际上只有60磅（1磅=0.454千克），穿着它在水中行动相当方便，蛙人在里面不仅可以使用照相机、录音机，而且可以借助两只机械手采掘海底样品。

在厄尔随“星”2号下潜的过程中，身边流过一串串橙色的气泡，这些气泡就像蓝天中的彩色飘带，弯曲飘摇地上升。坐在“星”2号里的技术顾问菲尔·纽伊顿用电缆跟厄尔联系，经常问她感觉如何，同时提醒她不必紧张。

“星”2号顺利地下潜，在深度225.7米处时，电缆通讯发生了小故障，

只稍稍停顿了一下，又继续降到305米。这时，水面上透下来的光线变淡了，原先那种晶莹的蓝色成了蓝灰色，后来又变成蓝黑色，最后，厄尔被一片黑暗所包围。

不过她的眼睛还能看到东西。通过面罩，她看见前方有许多细小的发光体在游动和旋转，就像无数有生命的星星在向她招手。

她继续随“星”2号下潜，突然看到身下有一大片黑乎乎的东西，她知道这是海底。她紧张起来了，生怕不知道情况的“星”2号下降会把她压扁在海底。她立刻报告了“星”2号里的菲尔。菲尔用非常镇静的声音对她说：再坚持一下。因为他在寻找更深的海域，以创造一个新纪录——不仅是女子潜水的新纪录，也是男子深潜的新纪录。

菲尔事先已告诉厄尔，她潜到457.5米没任何问题。但是“星”2号在寻找更深的海域时花了太长的时间，以致消耗了大量的能量和空气，所以最后不得不停留在381.25米的深处。

这时菲尔告诉厄尔，现在她可以自由去漫步了。但厄尔明白，一旦她解开和“星”2号联系的绳子，再也找不到它的时候，那么她就无法再挂在“星”2号下面，里面的菲尔也不可能从“星”2号里走出来救她了。探险就意味着把生死置之度外，厄尔毅然解开安全带，镇定地踏上了海底。她惊异地感到，自己的脚好像踏在月球的表面上，但是两者有一个明显的不同，那就是月球上毫无生机，在海底却有丰富的生物。

一条鲨鱼从她的身边游过，眼睛里闪着绿光。它的游泳姿态极为优美，而且一点也不怕她。她用机械手测量出鲨鱼的长度：45.7厘米。一条体侧发光的灯笼鱼也从她的身边滑过去了，模样很像一架小型客机。十几只红脚螃蟹伏在一块海扇上，随着潮流而来回晃动。一条皮肤柔软的蛇状鱼类，在“星”2号下照的灯光里时隐时现。

当厄尔在海底漫步时，菲尔一直坐在“星”2号里小心翼翼地伴随着她。他给她照明、摄影，随时与她保持联络。

“吉姆式”潜水服对厄尔来说十分宽大，以至她能从金属套臂里抽出手来，把观察到的东西记在本子上。

她兴致极高，不时为她的新发现笑出声来。正当她用机械手捕捉一只小蟹时，菲尔通知她准备返回水面，因为她在海底已经待了两个半小时了。她吃了一惊，以为菲尔在开玩笑，在她的感觉中，时间似乎只过了20分钟。

她很容易地抓到了安全绳，再次把自己缚在“星”2号下面。半个小时后，她回到了阳光灿烂的海面。

厄尔获得了“潜海皇后”的称号。但她的心里没有多少自豪，还觉得有些遗憾，因为她创造了女蛙人潜水的最深记录，却没有突破男子的记录。从此之后，她更热衷于海底遨游。在51岁那年，她创下了累计在水下6000小时的女蛙人记录。

当然她在潜水时经常会遇到一些危险。她曾与座头鲸一起潜水，也曾被一群鲨鱼包围过。1984年，她潜到密克罗尼西亚群岛海域76米深的海底，那里有一条沉没的军舰。当她正试图从发锈的炮筒中捕一条毒脊囊鱼时，手臂被这条鱼狠咬了一口，顿时感到手臂奇疼无比。她知道那是毒液进入她体内的症状。她返身潜离那条鱼，但为了防止潜水病，她又逐层在水下待了一个多小时，才浮出水面。她的沉着镇静，不仅救了自己的命，也治好了自己的胳膊，伤愈后她再次下水，捕住了那条毒脊囊鱼。

深潜器的分类与应用

深潜器分为有人深潜器、无人深潜器和遥控深潜器等多种类型，其主要应用在下列领域：一类是用于海洋调查，采集水下标本，进行水下摄影，进行水声学研究；另一类是协助进行深海石油资源的勘探与开发，检查及维修海底电缆管路，运送潜水员在水下执行任务，进行水下救生与打捞；第三类是执行军事侦察、扫雷、布雷等任务，试验和回收鱼雷、水雷等水中兵器，营救失事船只的艇员，进行水下科学实验等。

蛙人深海氢氧混合气试验

20世纪70年代以后，海上油气资源的开发一马当先，对海洋经济的发展作出了重大的贡献。但是，为海洋油气的开采和收集所进行的设备安装和维

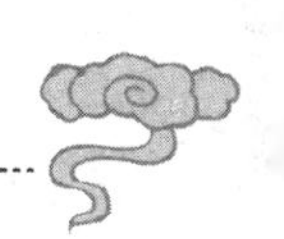

修，越来越依仗蛙人的海底作业。这样，对潜水来讲，提出了更高的要求，它需要蛙人在海底停留较长时间并从事劳动。

法国是潜水技术发达的国家之一。在1980年，法国曾帮助中国训练了6名潜水员。这6名潜水员在“SM360”号深潜器里生活了7天7夜，并经受了24个小时的20个大气压下的考验。最后，这些东方蛙人到达205米的海底深处，在那里待了3分钟，创造了东方人的深潜纪录。

至于法国的蛙人，则能在水深200～300米的地方连续工作600小时，他们吃住都在水下，呼吸的是氦氧混合空气。但是这种混合气体的问题仍然不少，有由于氦气引起的声音传导障碍，有影响人神经系统的综合征，严重时会置人于死命。

1976年以来，法国人通过各种试验试图寻找到一种新型的混合气体，以便能使蛙人下潜到450米的深处。他们用5%～10%的氮气加入到氦氧气中，这种“鸡尾酒”式的混合气体确实能抑制高压神经综合征的发作，但弊端也不少，其中主要是影响人肺的换气能力，从而限制了蛙人的潜水深度。三元混合气仅使蛙人勉强闯过300米的大关。

自从20世纪40年代中期，瑞典人试验氢氧混合气时发生爆炸之后，潜水界对氢氧潜水一直敬而远之，把它摒弃在考虑之外。这次法国人在无奈的困境中，不得不重新权衡使用它的可能性。

新的科学进步提供了安全的可靠系数。实验证明，只要氧气的浓度在4%以下，氢气就燃烧不起来，也就是说，能够避免爆炸。进一步的试验更加鼓舞人心：在高压之下，混合气体中氧的浓度只要在0.6%～2.5%之间，就足够维持蛙人的生命。1985年5月，第一次氢氧潜水模拟试验在法国马赛的一个高压舱里进行。这次试验理所当然地吸引了众多人的关注。

参加试验的蛙人分成两个小组。第一组的蛙人在相当水深450米的氢氧混合气的压力下，生活了一个星期。这组试验表明，在90%的氢的混合气中，人体出现的中毒反应几乎近于零。人可以在450米深的海底生活得很好，而且行动自如。但是在减压过程中，出现了问题：蛙人在逐次的更换气体以重新适应天然空气时，产生了神经综合征，并且在血液中存有气泡。这就是说，这组蛙人倘若长时间呼吸氢氧混合气，他们将无法再在天然空气中生存。

第二组蛙人在模拟的水深450米处生活了18天，然后减压至相当于200

米水深处，再放入氦氧混合气，把压力降到常压即 1 个大气压。这些蛙人没发生任何异常反应，大家都平安健康地走出了试验舱。

从这以后，法国蛙人开始活跃于巴西外海的石油开发工程中。在英国和挪威的北海油田，也能见到他们的身影。

海底抢救遇难船只生存人员

1927 年，美国的一艘 S－4 型潜艇被另一艘正在航行的驱逐舰撞坏，沉没在 100 米深的海底。美国海军当局立即派出 8 名潜水员赶到现场，进行抢险救生。

这一天天气十分恶劣，狂风吹起一排排巨浪。潜水员汤姆·伊迪第一个下水，他很快找到了沉没的潜艇，用力敲打着艇壳，艇里也马上传出敲击声。汤姆知道这意味着艇内的人还活着。他迅速将一根管子接到潜艇的压载箱上，水面的人员通过它把空气送到箱内，想用这方法增加潜艇的浮力，但潜艇却纹丝不动。

海风越刮越大，潜水员米歇尔带着另一根气管潜到海底。不料，当他刚接近潜艇，胸绳和气管就被沉艇挂住，怎么也摆脱不掉。其中有一根越缠越紧，情况万分危急，此刻他惟一能做的是向水面呼救。

刚刚上船休息的汤姆听到米歇尔遇到危险的消息后，立刻再次下水，此刻，耳机里已经听不到米歇尔的声音了。湍急的海流把米歇尔的胸绳和通气管绷得紧紧的，他被憋得透不过气，说不出话，知觉开始模糊。汤姆来到他的身边，仔细查看着，决定先解开缠住米歇尔的胸绳。胸绳和通气管死死卡在艇壳的板上，无论怎样都解不开。他只好用随身携带的钢锯拼命锯起艇壳板来。他足足锯了 40 多分钟，艇壳板锯掉了，通气管终于被解开，昏迷的米歇尔开始向上浮动。可是只上升几英尺就又停住了，原来米歇尔的胸绳还缠在艇上。汤姆马上游过去，刚想去解胸绳，突然觉得身上冰凉，一块锋利的金属片割破了他的潜水衣，海水立刻漏了进来。

汤姆知道，在这种情况下一定要让自己的身体保持直立姿势，这样输入头盔的氧气会把海水控制在脖子下面，如果身体稍微有点倾斜，漫上来的海水就会把他闷死。在这生死关头，汤姆丝毫没放弃营救米歇尔的努力，他身

体僵直地缓慢移动，用手摸索着解开了米歇尔的胸绳。

他们同时开始上浮。但是他们并未完全脱离险情，面对着的最大威胁就是潜水病。到此时为止，汤姆已在100多米深的海里待了一个多小时，而米歇尔已有3个多小时了。所以他们只能慢慢地上浮，并且浮一段停留一段，以便把机体中的氮排出去。最后他们出了水面，并立即进入减压舱。他俩都获救了。

美国政府为了表彰汤姆的勇敢精神，授给他最高荣誉勋章。然而汤姆拒绝了，他说："我没有救出那艘潜艇里的遇难者。"

汤姆是过于自责了，因为根据当时的技术条件，要打捞一艘沉没的潜艇的确是不容易办到的。只在10年之后，美国才终于能成功地救出一艘遇难潜艇里的全部人员。

1939年5月，一艘名叫"斯奎勒斯"号潜艇潜航在大西洋的肖阿尔斯岛附近的深海水域，突然海水灌舱，最后沉没在74米深的海底。这艘长95米，排水量为1450吨的潜艇里共有59个人，其中26人已被进入舱内的海水淹死，活着的33人被堵在密封的控制舱里。

消息传到美国海军部，以海军上将科尔任总指挥的救援船队立刻出发。一个半小时后，船队赶到了失事的现场。然而那时，"斯奎勒斯"号已经沉没了22小时。

潜水员西毕斯基穿上200磅（1磅=0.454千克）重的潜水服首先下水，5分钟后他就站到了"斯奎勒斯"号的顶部。他用沉重的潜水鞋猛踏艇壳，马上从艇里传来了用铁锤敲击的回答声。西毕斯基非常兴奋，他迅速接过随即降下来的潜水钟向导索，把它系在潜艇的舱盖，然后纵身上浮。

接着，一只名叫"麦凯恩"号潜水钟循着向导索到达潜艇上方。坐在潜水钟里的操作员哈蒙和米哈洛斯基，把潜水钟对准潜艇的舱盖并压紧，然后用压缩高压气向外排钟里的海水。

水排干了。米哈洛斯基打开潜艇的舱盖爬下去，进到潜艇的内部。他打开水下手电，顿时照到了一张发青的脸，这是遇难的尼科尔斯上尉。

在半小时之内，有7名潜水员进入了潜水钟。在潜水钟上浮之前，米哈洛斯基把食物和衣物送进艇里，还用潜水钟里的空气系统替潜艇置换空气，以维持潜艇里人员的生命。

潜水钟回到水面，送走遇险人员。10分钟后再次下潜……“麦凯恩”号一共下潜了4次，最后一个进入潜水钟的是“斯奎勒斯”号艇长内奎因，他认为有责任留到最后一刻。

就在潜水钟最后一次上升的过程中，连续两次被吊在海水的中途，原因是水面上的绞车发生故障。接着绞车打滑，“麦凯恩”号又落到了沉没潜艇的上方。潜水员从母船上下水，发现悬吊潜水钟的钢缆已经磨损了许多，只剩下几股钢丝还勉强挂着。潜水员试图更换新的钢缆，但不多一会，他便语无伦次，这是高压氮麻醉的症状。于是不得不把他拉到水面，送进减压舱。派下去的第二名潜水员也不顶用，刚挨着潜水钟就失去了知觉。

这时，科尔海军上将决定用减载的方法使潜水钟上升。米哈洛斯基在潜水钟内小心翼翼地抛除压载物，一直抛到潜水钟的比重与海水近似为止。随后，母船上的救援人员用手把“麦凯恩”号轻轻地拉出水面。

现代蛙人海中的历险和挑战

由于蛙人所处的是与陆上人们截然不同的海洋环境，所以他们的情绪和心态，都会散发出海洋的气息，充满乐观的、豪迈的气概。然而，他们又往往是悲剧的目击者或直接受害者。

第一次世界大战期间，一艘被鱼雷击中的轮船被拖进莱克苏伊里港进行修理。船已经半沉，一个蛙人下到灌满海水的货舱内作检查。他看到舱内有威士忌酒，就顺手拿了一瓶。傍晚，他和朋友聚集在一起，开始品尝这瓶名酒。作为主人，那位下水的蛙人第一个喝了一大口。几秒钟后，他突然仰面翻倒，不省人事。当医生赶来时，他已经没救了，嘴里还散发出苦杏仁的气味。原来，船上的其他货物中有氰化钾。氰化钾溶解于海水后，又被海水的压力压到了威士忌酒瓶里。那位蛙人是因氰化钾中毒而身亡的。

1923年，法国蛙人让·内格尔在沉没于土伦港内的“自由”号战列舰上潜水作业。突然一条大章鱼从背后向他扑来，并用腕足死死抓住他和他所携带的空气软管以及保护绳。水面上的人发现情况有异，立刻拉动绳子，但怎么也拉不动，于是又叫来几个人，结果把内格尔和章鱼一同拉上了水面。

可是章鱼还是不肯松开腕足，而内格尔也不让别人帮他的忙。他与章鱼

在船上继续厮斗，脸被章鱼扯出道道血痕，最后他终于胜利了。他用刀子把章鱼切成几片，抹抹血迹，又跳入水中工作。

1927年，一艘小型驳船在墨西哥湾遇风暴沉没。美国蛙人格伦·布莱克乘小艇匆匆赶到失事现场。当他下到海底作业时，附近出现了几十条鲨鱼。小艇上的水手拿着铁棍，朝一条鲨鱼的头顶猛砸下去。谁知被砸的鲨鱼游了一圈之后，又扑向小艇。鲨鱼从海中一跃而起，落入艇中，用尾巴猛扫坐在艇里的人。艇被鲨鱼的尾巴打裂了几条缝，漏水了。

艇上的人一下子缩到一边，生怕被鲨鱼的尾巴扫中。这时突然有一个人想到由于鲨鱼跳上船后，他们已忘了向布莱克供气了。于是由两名水手去对付鲨鱼，其他的人连忙把布莱克拉上来。这时布莱克已憋得脸色发紫，但还喘着气。他们除掉布莱克戴的头盔，他完全醒来了。一见鲨鱼，布莱克怒不可遏，踉跄向前，拔出腰间的刀，插入鲨鱼的肚子里。

大约在1936年，纽约市派出两名蛙人到南方的佛罗里达州去抢救一艘船。那艘船是在一条河流的入海口沉没的，而这一带却生活着不少鳄鱼。

他们一行没带什么武器，只有一把手枪和少量的子弹。蛙人下水之后，大副拿着手枪去对付渐渐逼近的鳄鱼。起初还有点管用，后来鳄鱼就不怕了。大副急得满头大汗，情急生智，连忙令两个水手架设一门特制的“重炮”——在货船的吊杆上吊起一只大大的磨盘，对准游近的鳄鱼猛砸。在海底的蛙人，用4个月的时间堵住了大漏洞，而船上的人打退了鳄鱼203次进攻。

1962年12月3日，一个雨后的早晨，一次创造深海潜水记录的探险活动在北美加利福尼亚海边举行。准备下水的蛙人是瑞士人汉内思·凯勒和美国人彼得尔·斯莫尔，目标为300米的海底。

潜水钟

货轮把两人乘坐的潜水钟沉到海里，随行的几个蛙人也随同潜水钟到达60米的深处。他们再次检查了潜水钟，一切正常，就返身上升到水面。潜水钟继续缓缓地沉向海底。

在潜水钟里，凯勒在仔细检查仪表，斯莫尔却默默地坐着，似乎在想什么心事。斯莫尔是名记者，不久前在一次实验中得过潜水病，刚刚治愈，就参加了这次准备创纪录的探险。这对他来说确有点铤而走险。

潜水钟到达300米的海底时，钟内的气压为31个大气压，与钟外海水的压力相等。打开底部的舱盖，凯勒游了出去。他的脚触到了海底，又走了几步，把随身携带的瑞士国旗和美国国旗插在静静的海底淤泥中，就游回潜水钟。

这是人类第一次以自由蛙人的方式来到300米深的海底。

潜水钟开始慢慢上升。忽然，凯勒发现气压在下降，而且下降得很快。如果气压再这样下降，他们就会得潜水病甚至可能死亡。若要防止这情况的发生，只有放进补充的空气，那样又会有氮麻醉的危险。但气压仍在迅速下降，别无选择了，凯勒拧动了空气阀门。他们仅仅吸了两口，立刻感到头昏目眩，顿时失去了知觉。

母船上的人从荧光屏里看到两人昏倒，就组织力量抢救。但此时潜水钟还在100米水下，而船上的蛙人只能潜到70米。

现代蛙人

潜水钟终于到达了70米深处，两个蛙人立即从船上跳了下去。但海水如墨，他们根本无法检查潜水钟。船上又派了两个蛙人下水，其中一个叫维加，他刚到潜水钟前就失去了知觉。另一个蛙人用手摸索着潜水钟的各个接缝，摸到底盖时，发现那里夹着一只脚蹼，气体就是从这个缝隙中漏出去的。他赶忙用小刀把脚蹼割掉，关严了舱盖。

潜水钟升到了船上。后来，凯勒经过抢救活了过来，但斯莫尔却停止了呼吸。至于去营救他们的蛙人维加，则失去知觉后沉到了海底。

海下航行的潜艇时代

HAIXIA HANGXING DE QIANTING SHIDAI

人类在发明船只之后，很长一段时间处于并且满足于在海面上荡桨扬帆，尽管在这一漫长时期，不断有蛙人入海探险，但那只是很少的一部分，并且也没有什么大的收获，随着视野的开阔，人类萌发了去海底探险的强烈欲望，潜艇这种可以满足人们海底探险的工具应运而生了。在一定程度上，借助于潜艇，人们能够畅游海底了，发现了一个与众不同的世界。

早期潜艇的曲折问世

人类自从发明船只之后，在数千年里，一直满足于在海面上荡桨扬帆。尽管也有少数勇敢者潜入海中探险，但人们海洋探险活动的主体仍是在海面上进行的。很久以后，人们才勉强形成在海洋水体里面航行的梦想。

最早有关水下船只的设想据说是达·芬奇提出的。达·芬奇是意大利文艺复兴时代的杰出画家，他对器械也有浓厚的兴趣。他设计过潜水服和潜水钟，也设计过潜水船。他认为“人心存有太多的邪恶，如果让人们知道海中航行的秘密，他们一定会毫不犹豫使用水下船只，在深海播下杀人的种子”。也许是这个缘故，他设计的蓝图从未见诸记载。

在达·芬奇之后，英国人威廉·伯恩在1578年刊印了一本《发明与创作》的书。在此书中，他提到了原始潜艇的粗略设计。然而，实现这个设计的却是荷兰发明家科尼利斯·德雷贝尔。德雷贝尔在1624年制造了人类史上第一艘木质潜水艇，壳体的表面蒙着涂了油的皮革，桨板通过孔座伸到艇外，孔座绷以皮革来保持密封。他招聘了12名桨手，在英国的泰晤士河进行首航试验。当时泰晤士河的两岸人群如潮，观看着这艘柠檬似的皮划子缓缓下水。但是12名桨手使劲地划动，也没使这皮划子潜到水中，看上去倒像一只翻覆的船在水中滑稽地打转。众人哈哈大笑，一哄而散。

1653年，法国人让·德桑设计了一艘两头尖尖的水下战舰。他的意图是让它潜到水中，用尖角去戳漏敌方战船的船底。可是这艘水下舰造成之后还没下水，就被来视察的海军大臣下令拆除了，理由是它奇丑，简直有失法兰西的体面。

1675年，一位佚名的荷兰制机匠忽发奇想，他将一条木渔船作了改装，把船的中间改成了一个木制的水密封舱，舱底下挂着许多重物。这次船成功地下潜了。可惜由于重物太重，船下潜的速度太快，撞上了海底的礁石。船立刻解了体，浮起几块木板，跟着下潜的制机匠也因此而死亡。

到此为止，所有关于潜水艇的梦想依旧是梦想。直到1775年，人们才成功地建造出第一艘能在海里行动的潜水艇。

那是在美国独立战争期间，在这之前，北美一直是英国的殖民地。1774年，第一届殖民地大陆会议在费拉德尔菲亚召开，要求宗主国英国不得擅征捐税。但英国拒不答应，并派军队到北美殖民地炫耀武力。北美的人民遂举乔治·华盛顿为总司令，组织军队抵抗。

1775年，英国派遣豪乌将军率领3万大军远征美国。英美两国在纽约城发生激战。英国皇家海军“鹰”号战列舰上的远程大炮，在港外的海面上猛轰沿岸的美军阵地，而美军除了步枪土炮之外也别无对策。

这时，一个年轻人出现在华盛顿的总司令部里。他叫戴维斯·布什耐尔，是个30岁的大学生，自小酷爱潜水。他向华盛顿展示了他带来的一张图纸，说只要建造一艘人工操纵的潜水艇，就可以把炸药运到英国军舰下面，将其炸沉。当时华盛顿别无良策，只得同意让布什耐尔试一试。

布什耐尔很快造出了一只模样像海龟的潜水艇。它是用橡木制造的，里面可容纳一个人。艇的顶部装有两根通气管，艇内有两台抽排水的手泵，可

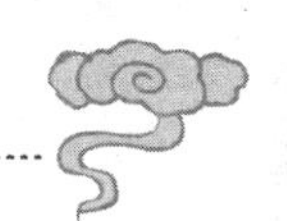

以用来调节潜水深度。艇的底部有一块 90 千克重的压铁，用于保持艇的稳定性，碰到危急情况，铁块可抛掉，以使艇快速上浮。艇里的两把手柄，是关键的驱动装置，一把操作垂直升降的螺旋桨，一把操作水平运动的螺旋桨，这样可使潜艇运动自如。艇的外侧装有一颗水雷，重 70 千克。艇的上部还有一个可用手摇进的钻头，一旦潜水艇到敌舰的底部，就可用它来钻破敌舰底，再把水雷系上去，悬挂在舰的底部。可以想象，这么许多工作都得靠潜艇内的那个人用手来完成，是多么的繁重。

但是战情非常紧迫，美军甚至来不及替这潜艇取一个好听的名字，就干脆叫它“海龟”，让它投入了战斗。天黑之后，“海龟”悄悄地出发了。世界上第一个潜艇驾驶员艾索拉·李满头大汗把潜艇开到一只英军的舰船下面，想用钻头钻透敌舰的船底。可是英舰的底部相当结实，根本没法钻进半分，而艾索拉已过早点燃了那颗水雷的引信。眼看不能按计划完成任务了，他立刻抛掉铁块，使“海龟”浮出水面。舰上值班的英军士兵见海里突然冒出一个黑疙瘩，吓了一跳，只目瞪口呆地望着这怪物以一种奇特的方式遁去。紧接着，海里的水雷爆炸，激起一股水浪。舰虽无丝毫的损伤，不过在英军中传遍了“美军发明秘密武器”的消息。豪乌将军立刻下令整个舰队远离纽约港，在外海抛锚，以免受到秘密武器的袭击。

其实他们还不知道“海龟”也受到重创，水雷掀起的大浪把它推到岸边，撞上了防波堤。它裂成了几片，艾索拉也被震昏过去。

这次潜艇攻击实际上是失败的。人类在海上实施第一次成功的潜艇攻击则是在近 100 年以后，地点也是在美国。

潜水艇入海

当时美国的北方废奴州和南方的蓄奴州之间爆发了一场旷日持久的战争，那就是历史上著名的美国南北战争。工业发达的北方在亚伯拉罕·林肯总统的命令下，以舰队封锁南方的各个海港要塞，这无疑是套在以销运棉花为生的南方各州脖子上的一根根绞索。南方各州自然不甘坐以待毙。1862 年，在南卡罗来纳州的查尔斯顿港里进行着一项绝密的试验。这次试验成败关系到南方军能否突破美国政府军的海上封锁。船台上放着一只铁锅炉，它由工程师麦克林托克和沃森改造成一艘潜艇。潜艇的名字为“亨利”号，以示对南军上校霍勒斯亨利的尊敬。8 名水手通过手摇装置驱动三叶螺旋桨，以使潜艇达到水下航速 4 节的速度。

“亨利”号的试航是一连串悲惨的记录，使它得到了“逍遥棺材”的恶名。首次下水，一条开过的汽船掀起的大浪，灌入它的舱内，除艇长以外的人员全被淹死。第二次试航，它又被灌水沉没，仅幸存3 人。1863 年10 月15 日，亨利上校亲自担任艇长，但他操之过急，使“亨利”号下潜时失去平衡，全体乘员死于非命。试验者并未失去信心，他们把“亨利”号第 3 次从海底的烂泥里捞起来，并不断加以改进。它的拖曳式水雷也被一枚撑杆式水雷代替了。

1864 年，南方军的陆战形势继续恶化，他们把希望寄托在“亨利”号上。这次“亨利”号的试航终于成功了。2 月 17 日，南方海军上尉乔治·狄克逊指挥着“亨利”号，悄悄地开出查尔斯顿港。

那是个阴沉的夜晚，月亮在残云中时隐时现。美国政府战列舰“豪萨托尼克”号抛锚在港外。巡逻封锁一天后，水兵们都酣然入梦，只剩下哨兵注视着宁静的水面。突然，哨兵看到远方漂来一块木板。因为当时还没有潜艇的概念，所以他哪会想到这是潜水艇呢？这不是木板，正是那具“逍遥棺材”。它开近战列舰，用撑杆水雷猛撞舰的右舷尾部。水雷轰然爆炸，海水从破口涌入，不一会战舰便倾覆沉没，230 名政府军水兵葬身鱼腹，逃生者只 5 名。

然而“亨利”号也在爆炸中沉入海底，与战列舰同归于尽，成了真正的棺材。不过它总算不辱使命，被载入史册，成为人类第一艘击沉水面船只的潜艇。

早期潜艇的动力来源

早期曾经尝试过作为潜艇动力来源的有压缩空气、人力、蒸气、燃油和电力等，而真正成熟的第一种潜艇动力来源是以柴油机配合电动马达作为共

同的动力来源。柴油机负责潜艇在水面上航行以及为电瓶充电的动力来源，在水面下，潜艇使用预先储备在电瓶中的电力航行。由于电瓶所能够储存的电力必须提供全舰设备使用，即使采取很低的速度，也无法在水面下长时间地航行，必须浮上水面充电。

“霍兰”号潜艇成功起航

19世纪是潜艇发明家的黄金时代。早在“亨利”号击沉战列舰“豪萨托尼克”号之前的半个多世纪，大名鼎鼎的发明家富尔顿就为拿破仑造了一艘极为出色的潜水艇。潜艇全身用钢板造成，形状采取水阻力小的卵形，装有水平舵，中央还有突起的指挥塔以便观察。它取名为“鹦鹉螺”号，很多方面接近现代潜艇。拿破仑堪称陆上豪杰，但对海军则两眼摸黑，富尔顿的新发明未能引起他的重视。后来富尔顿携“鹦鹉螺”号来到英国，但以海军立国的大不列颠也未予采用。

富尔顿制造“鹦鹉螺”号的时间是1801年。到了1846年，法国人佩耶恩在塞纳河边进行了一次潜水船表演。船是用7毫米厚的铁板制成外壳，形状像一颗圆形炮弹。它还有26个小的舷窗，可以观察海里的生物。螺旋桨推进器的直径为1.2米，要用18个人不断地摇手臂驱动。法国海军部派人视察以后，只留下一句耐人寻味的话：于战争无用。

1850年，德国与丹麦开战。当时的丹麦是海上强国，它派舰队封锁了德国的基尔港。这时，有个叫威廉·鲍尔的德国人设计了一艘用人力踩踏驱动的潜艇“火焰”号，在基尔港的港区内忽隐忽现，经常冒出水面朝丹麦军舰放上几枪。丹麦舰队虽然毫无损伤，但却被“火焰”号的怪异行径吓坏了，舰队司令连忙下令撤退。“火焰”号的水手为此得意忘形，操作失误，一头扎进18.5米深的海底，不过全体乘员却安然逃生。从海底潜艇中逃生，这在世界上还是第一次。鲍尔后来到了俄国，替俄国造了艘“水鬼”号潜艇。1856年，人们奏着国歌把它送下水去，可是再也没见它浮上来。

迄今为止，所有的潜水艇，包括那艘赫赫有名的“亨利”号，都是用人力驱动的。人们开始冥思苦想，寻找机械动力来使潜艇开动。但是谁也没有想到，创造出第一艘机动潜艇的竟是一位名不见经传的音乐教师约翰·菲利普·霍兰。

霍兰于1841年2月生于爱尔兰的一个沿海小镇。当时爱尔兰全境为英国并吞，霍兰自小在父辈们对英国占领军的诅咒憎恨中生活，因此他也怀着同样的心绪看待英国。18岁那年，霍兰在一所中学里任音乐老师，但他依旧念念不忘要报复英国占领军。有一天他脑袋里突然闪过一个主意：英国之所以专横，全在于它有强大的舰队，能不能创造一种水下装甲船，潜藏在海里，神不知鬼不觉地偷袭英国舰队呢？

从此，霍兰一到晚上就全神贯注地钻研潜艇理论。他总结了前人制造潜艇的经验和教训，终于设计出一种用煤气发动机作动力，配置了备用电池的单人潜艇。

1873年，霍兰携着蓝图漂洋过海到美国，并把他的构思呈报给美国海军部。但是，刚结束了南北战争的美国海军部官员对霍兰的设计简直不屑一顾，有人甚至还讥笑他：就算这玩意儿造成了，也不会有人乘坐它到海底去送命。

霍兰有点心灰意冷，这时爱尔兰在美国的流亡组织伸出了援助之手，他们给予霍兰资助。霍兰在纽约奥尔巴尼铁工厂赶造他的“霍兰”1号。

“霍兰”号潜艇

经过一年多含辛茹苦的努力，“霍兰”1号建成了。但被幸灾乐祸者不意而言中，它一下水，冒了一串白泡，就立刻往水底沉去。于是嘲讽更加喧嚣：霍兰先生是个沉艇专家。

霍兰并没有灰心，他仔细核对图纸，确认潜艇的沉没绝不是设计上的错误。他请人捞起“霍兰”1号，果然发现是加工粗糙所致：艇底的两个螺旋塞子因螺纹不合而松动脱落了。于是，他重新加工螺旋，再次推敲了设计中的每一个细节。“霍兰”1号在霍兰的操纵下，缓缓入水。这次获得了极大的成功。这艘长4.4米的潜艇灵活得像条海豚，进退升降都十分自如。它在水下4米处能以3.5节的速度航行，而且不需要任何人力。

1881 年 5 月，霍兰设计的“芬尼亚公羊”号潜艇又下水了。但就在他设计另一只潜艇时，他的“芬尼亚公羊”号被人劫走了。劫持者就是爱尔兰的流亡爱国者组织，他们迫不及待想用“芬尼亚公羊”号去教训英国的军舰。霍兰知道他的设计还不成熟，用这潜艇去攻击英舰无疑是以卵击石，自取灭亡，所以他报告了美国当局。爱尔兰流亡爱国者组织因此中断了对他的资助。

霍兰无奈，再次向美国海军部提交他的设计报告。天平从来是倾向于成功者的。美国海军部已对他刮目相看，就拨出专用款项，让他建造“霍兰”4 号。

“霍兰”4 号是霍兰一生中设计最成功的一艘潜艇。这艘潜艇长约 16 米，用汽油发动机作动力，可以乘 5 名艇员，下潜迅速，航行平稳，能在水下发射鱼雷。若它浮到海面，还能用火炮进行射击。

美国海军部立即把“霍兰”4 号编入现役。这时，美国的报纸也开始对霍兰推崇备至，称他为“现代潜艇之父”。但是霍兰却郁郁寡欢，因为他的祖国依旧在英国的统治下，而美国也根本无意为爱尔兰对英国开战。从此，霍兰真正地心灰意冷，再也不想迈向新潜艇的设计了。

霍兰对以后的潜艇发展起着巨大的影响。1885 年，瑞典发明家诺德费尔特建造了一艘铜制潜艇，以蒸汽机为动力，水面航速为 9 节。潜水后，锅炉灭火，以剩余蒸气作动力。所以它只能像海豚跃水般的方式航行。1888 年，法国人古斯塔夫·齐德设计的一艘潜艇是以电动机作动力的，艇长 18.3 米，以蓄电池供电。它的成功又使法国海军生产出更长的潜艇，名为“古斯塔夫·齐德”号，排水量为 266 吨，艇长 45.8 米。

至此，常规动力的潜艇已经基本定型。

“鹦鹉螺”号潜艇

“鹦鹉螺”号潜艇是爱尔兰裔美国人富尔顿建造的。“鹦鹉螺”号的外壳是铜的，框架是铁的，艇长 6.89 米，最大直径 3 米，形如雪茄，艇中央有指挥塔，水面用风帆推进，水下用人力螺旋桨推进，用压载水柜控制浮沉。为了解决水下呼吸问题，艇上带有压缩空气，可供 4 个人和 2 支蜡烛在水下使用3小时，能潜至水下8~9米处，它的武器是水雷，攻击方式与“海龟”号一模一样。

一次有去无回的海底之旅

1910年4月11日的日本，正是樱花盛开的美好季节。6号潜艇在母舰的拖曳下，前往广岛进行潜艇水下停留极限试验。

6号潜艇长22.3米，宽2.1米，排水量只有57吨。它属于日本第一代潜艇，形状笨拙，性能也很差，艇舷只有0.6米高，推进器经常出故障。在海面行驶时，它用汽油机驱动，在水下则靠相当原始的电动机推进，蓄电池容量很小，每隔一会便要充电。指挥塔和潜望镜后面拖了根很大的通气管，在海况恶劣或潜艇半潜航行时，得靠这根通气管给艇内供应空气。

12日和13日一切都很正常。14日，6号潜艇在水下停留了两个半小时，这对日本来说，简直创造了个奇迹。15日，试验继续进行。9点30分，6号潜艇缓慢下潜。一切像往常一样，海水“刷刷”地涌入压载舱，随着流入量的增加，潜艇下潜的速度增快。忽然，艇长佐久马感到艇身意外地震动一下，他明白，这意味着6号潜艇已超过预定的下潜深度。他立刻命令水兵关紧通气管的闸门。但闸门失灵了，海水不断地从通气管里冲进来。等水兵好不容易把闸门封闭时，进来的海水已经太多，使潜艇失去了平衡，以25度的倾角向海底滑去。为了增加潜艇的浮力，佐久马命令水兵把压载舱的海水排出去。6号潜艇的下沉速度变慢了。可是已经来不及了，潜艇的首部一下子插进海底的淤泥层里；这时深度计的读数是15.8米。

佐久马来到下面的机舱，水泵依旧在响，但水深指标仍然是15.8米。机舱里开始缺氧，水兵们喉咙好像在冒烟。佐久马知道他们已经没有上浮的可能，就又回到指挥塔。这时电路已经切断，阳光透过厚厚的海水，在舷窗的玻璃上，泛出一丝暗蓝的光。

他走到海图桌边坐了下来。空气已经变得混浊，死神开始临近。他拿出笔，写着：“我们行将死去，但我们希望通过这个事件能改善潜艇的设计，那么我们死而无憾……事故的原因是由于下潜速度太快……现在船前倾13度，配电盘浸湿，电源切断，电缆燃烧，毒气弥漫，呼吸十分困难。失事时间是

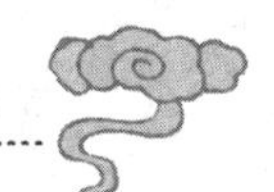

15 日上午 10 点……在充满毒气的情况下，我们仍用手泵排水，机舱里太暗了，看不清压载舱的刻度盘指针。但我感觉到主压载舱已经排空，不过 6 号还是插在淤泥中一动也不动。”

“我下令排空汽油，以增加浮力，但也不见效。潮流同样利用不上。现在大约只剩下 500 磅压缩空气，已不能维持太久了。”

“海水浸透了衣服，浑身发抖。空气越来越沉闷，肺部像被两片钢板夹住似的，伸张不开……我每次下潜时都想到了死，而此刻我却想到了活。我想到了故乡和亲人。”

在黑暗中，机舱里传来了爆炸声，艇里燃烧起火苗，它更快地吸走了所剩不多的氧气。处于半昏迷状态的佐久马又拿起了铅笔，继续写着：“12 点 30 分，呼吸极度困难，大家都无力地瘫倒在地板上，有的已经奄奄一息。在这大海的底层，一切都显得那么宁静……龟三郎，太田保，尾雄佐一……”他挣扎着写下艇上所有官兵的名字，并恳求天皇照顾他们的家属。12 点 40 分，铅笔停止了滑动。

而此刻的母舰，一片忙乱。起初，试验的指挥官还以为 6 号潜艇又要创造新纪录，后来时间过了 11 点，海面上还无一点动静，指挥官才着急了，下令赶紧搜索，然而一无所获。直到第二天傍晚时分，潜艇才被打捞上来。打开舱门一看，里面除了一具具横七竖八的死尸外，还有那一封在死神窥视下写就的信。

佐久马的死轰动了日本全国。东方人以他们特有的狂热颂扬他，使他一时成为举国闻名的海军英雄。然而，从人类的海洋探险的眼光来看，佐久马的死，是误入歧途的潜艇所写下的一幕悲剧。

潜艇内氧气的来源

潜艇内氧气主要来自四个方面：通气管装置、空调装置、空气再生装置和空气净化装置。通气管装置是一种可以升降的管子，在近海海域或夜间航行时，如条件允许，可将通气管升出水面，使艇内空气对流，保持新鲜空气。空调装置不产生氧气，主要是保持艇内适宜的温度、湿度等。空气再生装置是一种可以生成氧气的装置，工作时，风机将舱内污浊的空气经风管抽至二氧化碳吸收装置，消除二氧化碳，再在处理过的空气中加进由制氧装置产生的氧气，然后经风管送到各舱室供艇员呼吸。空气净化装置是将艇内空气中的有害气体和杂质控制在允许标准值以下的一种装置。

人类首次海下环球航行

第一艘核潜艇“鹦鹉号”是美国制造的，它是人类的第一艘核动力潜艇。核潜艇的出现是潜艇史的一场革命，它不像常规动力潜艇那样，要经常浮出水面以替蓄电池充电，它几乎可以永远处于水下状态。由于动力充沛，它的水下航速可达30节以上，即56千米/小时，最高可以达到78千米/小时。因此，在水面的船只很难搜捕它，即使搜捕到了，也很难追上它。

1960年，美国海军进行了一次代号为“马耶兰”的行动，具体内容是由核潜艇“海神”号在海下作一次环球航行。2月16日下午2点半，“海神”号从美国东海岸的新伦敦港潜艇基地出发，以20节的速度在水下向南驶去。

水下航行

潜艇在水下航行非常平稳，根本无须顾虑海面上的狂风巨浪。船员们的起居饮食完全像在陆地上一样，没有颠簸，也不会有人晕船。吃过饭后，看录像，下象棋，或者干脆躺在床上做白日梦，生活得要多舒适就有多舒适。惟一的缺憾是稍感寂寞，见不到陆上的绿树红花和高楼大厦。

2月24日，“海神”号穿过了圣保罗岛礁。几天后“海神”号穿过赤道，进入了南半球。在3月7日到达南美的合恩角附近。合恩角有一个可怕的名字，叫做“航船的坟场”。从17世纪到19世纪中期，在此处沉没的舰船有500艘之多。然而在水下的“海神”号，却根本体会不到海面上的大雾和暴雨，它依靠艇上先进的导航仪器，轻松地来回航行了两趟。

“海神”号一进入太平洋，便像一匹脱缰之马，在海面下的200米深处飞速前进。在太平洋的整整一个月里，它北上夏威夷，接着又西穿关岛，经菲律宾海，进入到中国的南海。

4月10日，潜艇绕过好望角，又一次进入大西洋。4月25日，艇长比奇从潜望镜里再次见到圣保罗岛礁，他们完成了人类第一次海下环球航行。但是“海神”号并没有直接回到美国海岸，而是航向东北，直趋西班牙的圣罗卡港——当年麦哲伦起航的地方。它在那里转了一圈之后，掉头往西，于5月10日，回到了新伦敦港的潜艇基地。

比奇下令“海神”号升出水面，接着他在航海日记上写下：航海时间，83天零10小时；平均航速，18.18节；总航程，67412千米。

核潜艇

核潜艇是核动力潜艇的简称，核潜艇的动力装置是核反应堆。世界上第一艘核潜艇是美国的“鹦鹉螺”号。核潜艇按照任务与武器装备的不同，可分以下几类：攻击型核潜艇，它是一种以鱼雷为主要武器的核潜艇，用于攻击敌方的水面舰船和水下潜艇；弹道导弹核潜艇，以弹道导弹为主要武器，也装备有自卫用的鱼雷，用于攻击战略目标；巡航导弹核潜艇，以巡航导弹为主要武器，用于实施战役、战术攻击。

漫游印度洋寻找空棘鱼

1987年，德国的生物学家汉斯·弗里克和他的同伴乘坐一艘双人潜艇来到印度洋的科摩罗群岛。这艘小潜艇比当年日本奇袭珍珠港的单人潜艇稍大，能下潜到海下700米的深处，最长可在水中待7天。

这次弗里克去考察空棘鱼。空棘鱼号称“活化石”，第一次出现是在1938年。当时的自然学女学者拉蒂迈在南非东伦敦港看到被叫卖的空棘鱼时，立刻意识到它的非同寻常。她没有错，很少有别的生物像空棘鱼这样历尽沧桑而又无甚变化。空棘鱼于40亿年前在地球上出现，一直活到现在，恐龙比它晚生存却早已灭绝。它的近亲肺鱼的某些种类跨越了进化的转折点，爬上陆地，而它却经久不变。人们在高山、平原、淡水、咸水里都找到过它的化石，但为什么活的空棘鱼只在印度洋里生存呢？它的总数有多少？生态又如何？这些都是等着弗里克乘潜艇去寻找的答案。弗里克确定潜艇的搜寻范围是大科摩罗岛西岸的海域，于是他下潜到海的各个深度。这里的水温为15°~17℃，他一边测定水体的氧含量和盐度，一边描绘海底地貌图。

他一共下潜了22次，但都一无所获。正当他有点垂头丧气的时候，一位当地的老渔民指点了他。在老渔民的指点下，弗里克在1987年1月17日晚9点，在距海岸180米远的水下深处198米的地方，看到了一条空棘鱼。一瞬间的喜悦足以补偿他17年来朝思暮想的苦寻，也实现了许多生物学家半个多世纪来的梦想。

以后的几天里，他一共发现了6条空棘鱼，它们的长度都在1.8米左右，生活在鱼类稀少的水域。也许是因为行动迟缓，难以与快速鱼类竞争的缘故，空棘鱼退居到了这个缺少食物的僻静的海底。

弗里克在潜艇里用录像机跟踪空棘鱼，他发现它们在白天隐伏在又冷又深的海底，到夜晚才慢吞吞地开始行动。更令人惊异的是，它们会倒立。当它们头冲下处于僵直状态的时候，对任何惊动都不发生反应。它的游动姿态也与别的鱼类不同，有时后退，有时肚皮翻白仰游，行动显得迟钝，看上去很笨拙。

弗里克成功了，但他把成功的荣耀送给了制造潜艇的人，因为正是潜艇的出现才使他的科研活动得以进行下去，进而取得成绩。

海底探险之深海探测时代

HAIDI TANXIAN ZHI SHENHAI TANCE SHIDAI

在深潜器没有发明之前，人类还无法到达深海底部，对深海底部的世界还存在着诸多猜想。深海探测有着很大的限制，潜水病就是一个似乎不可逾越的障碍，这大大限制了人们海中下潜的深度，这对喜欢探索、敢于冒险的人类是个不小的挑战。迎难而上，面对挑战是人类可贵的一种精神，在科学家以及潜水爱好者等的不懈努力下，能够载人的可以“潜入”深海的深潜器终于诞生了，人类由此开始了梦想多年的海底探密。

“深海潜水球”探险海底

人类发明了载人到水下作业的潜水钟，继后又发明了能在海洋水体中运动的潜水艇。但是人类依旧不能到达深海的底部，因为潜水钟里的蛙人（潜水员）受制于深海的高压，加上潜水钟无驱动装置，不可能在海底作大范围的活动。至于潜水艇，它的设计本是为军事目的，除了潜望镜外，没有任何观察外部的舷窗，而且它的耐压性能也不强，无法进入更深的水层。

热衷于海底探险的人冥思苦想。1885 年，意大利人保萨迈罗用铸铁造了一只“潜海球体”。这个潜海球体模样像一颗地雷，上面有一个厚厚的舱盖，人进入舱体之后，就用螺栓拧紧。当时人们嘲笑他制造了一只“海地瓜”，不过这只“海地瓜”却创造了下潜130米的记录。可惜这“潜海球体”是个空心的铁疙瘩，没有观察窗口，所以对海底的科学考察毫无用处。

几乎在此同时，一位法国的工兵军官托塞利制造了一只名叫“海神”号的海底观察塔。它直径3米，高10米，外有一圈步行平台，最高一层是压缩空气储存室，中层为住室，可同时居住14个人，下层为观察室，侧面和底部都有舷窗，还备有照明灯。“海神”号可供科学家在常压下作长期的海底考察。

直到20世纪初，深潜器的研制技术才趋于成熟。在这个时代的契机之中，应运而生了一个杰出的人物，他就是美国人威廉·毕比。

毕比原是个鸟类学家。一天，他在海边观察红爪海鸥，这时一群渔民捕捞归来，其中有一个渔民高唤他“先生”，然后给他看一条奇形怪状的鱼。这条鱼有大大的眼睛，窄鳍细尾尖喙，头顶还长着一条软骨似的触须。毕比对这条从未见到过的鱼非常感兴趣，于是他开始转向海洋生物学的研究。

毕比学会了潜水，经常潜到海洋底部去寻找那些栖息在礁石里的生物。那时，他到达的最深处仅是20米，但这20米却使他大开眼界。他看到许多色彩斑驳、绮丽无比的鱼类在海中漫游，感到自己到达了一个像火星、金星那样的未知世界。

但是，毕比穿着潜水服入海，却无法进一步到达更深的海底，因为水压阻碍着他的行动。为了获取海底探险的自由，必须发明一种新的载人器具，这器具要满足两个基本条件：一是器具内保持一个大气压的常压，二是牢固得足以抵挡随着深度增加的高压，而且要有透明的观察窗。

毕比找到了钢球技师欧弟斯·巴顿和设计师约翰·巴德拉。3个人齐心协力，创造出了一只名为“深海潜水球”的新装置。这个装置的直径为1.45米，壁厚3.17厘米，表面是球形，每平方厘米能承受105.5千克以上的压力，也就是说，相当于水深1055米的水压。它与潜水艇的最大不同是出于科学探险的目的，因此它装有一个圆形的窗户。窗户是由溶解石英玻璃制成的，直径为20.3厘米，厚7.6厘米。采用溶解石英玻璃的原因是它坚硬、耐压、透明，而且能反射任何波长的光，不至于使人眼看到的海底生物色彩失真。“深海潜水球”里备有自供氧气筒，而人呼吸出来的湿气和二氧化碳，分别由氧化钙和碱石灰吸收。

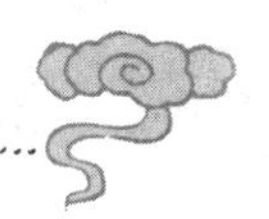

我国研制的7000米载人潜水器

1930年6月6日，“深海潜水球”被大型舢板船“淑女”号运到了温暖的百慕大外海。午后，毕比和巴顿进入重2450千克的球内，其他人把铁盖用螺栓拧紧，把“深海潜水球”抛入海中。这样潜水球完全与外界隔绝，谁也无法预料他们会遇到什么样的情况。不过它是用钢缆系住的，与钢缆在一起的还有一根电话线，以便与“淑女”号通话联络。

毕比他们在潜水球里被海面的大风浪摇得头昏脑胀，不一会儿，他们下潜到了波浪扰动不到的水层，这时，他们觉得像乘慢速电梯般的平稳。毕比俯在窗口，看到四周是朦胧的青绿色的水体，他们已经到达穿潜水服无法穿越的界限。潜水球潜到30米的深度，光线逐渐变暗，毕比看到许许多多细如尘埃的生物纷纷从窗边游过。

他们继续下潜到91.5米的深处，海水从密封盖的缝隙中渗了进来。毕比把渗水擦掉，但海水仍不断地渗入，这意味着随着下降深度的增加，球内的压力也在增加。毕比开始有点慌张，但冷静下来后则想到，如果更深地下潜，密封圈会被压实，海水就不会再渗进来了。他打电话给上面的“淑女”号，要求快速下降。2分钟后，潜水球进入183米的深处，海水果真不再渗漏进球里了。

毕比在水深213米的地方写下了一句话："在这以前只有死人才到达的位置。"他让潜水球在这里暂停，以便观察海水。他见到的是以前从未见到过的颜色，是一种无法形容的黏稠的蓝。接着他打开探照灯，看到了不少陌生的鱼种在光柱里游动。关掉灯后，四周出现了令人恐怖的光点，仿佛这里就是冥府地狱。

"深海潜水球"再次下降，渐渐地，黏稠的蓝变成了沉重的蓝，最后化为一片暗色。到达244米水深处，毕比觉得初战告捷，不宜操之过急，他让潜水球停了下来。潜水球的首次试潜取得了惊人的成功。

在这以后的4年间，毕比和巴顿乘坐"深海潜水球"进入深海30余次，其中以1934年8月15日的第32次深潜最富有戏剧性。那次下潜的地点仍在百慕大附近的海域。毕比在305米水深处清楚地看到几条淡绿色的光线和几只始终停在观察窗外的大虾。偶尔还有几条虾虎鱼透过窗户朝毕比眨眼。在水深512米的地方，突然一条15厘米左右的不知名鱼朝观察窗冲来，猛撞在玻璃上面，发出一声爆炸似的音响，并迸射出一片光亮，像闪电般地照出了毕比和巴顿的脸。

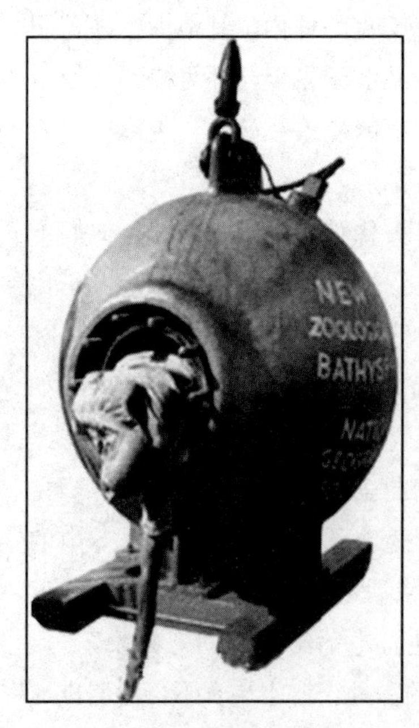

毕比从潜水球中爬出来

他们被吓了一跳，但还是不停地下潜。在水深550米处，他们看到许多小鱼竟然用它们发光的小牙齿啃啄着玻璃。忽地，这些小鱼都不见了，窗外游动的是4条40厘米长的海龙鱼，它们一直陪伴潜水球到达747米深的地方。一种怪异的黑色生物倏忽出现，又飘然而去。到了762米的深处，窗外出现了发出非常柔和光芒的栉水母，在海中翩翩起舞。这时，那条怪异的黑色生物又回来了，毕比估计它至少有6米长，是他从未见识过的深海怪物。怪物一直虎视眈眈地盯着潜水球，似乎在考虑要不要发动攻击。

毕比和巴顿在水深914米的地方停下来，这是他们这次探险的终点，母船上的缆绳也到了极限。潜水球轻轻地晃动着，这时接到从母船上打来的电话，告诉他们卷扬机上只剩下12圈缆绳，而且卷扬机由于运转时间过长也有些发烫，请他们耐心等待。

等待了2个小时后，潜水球又开始慢慢上升。在上升的过程中又突然飞速下降，这是卷扬机打滑的结果。他们有些担心也许再也回不到海面，因为潜水球下降时一顿，很可能会把钢缆顿断。不过悲剧没有发生，他们终于带着潜水最深的喜悦返回到了海面。

深潜器的性能特点

深潜器是一种能在深海进行水下作业的潜水设备，一般不携载武器，吨位在20~80吨，个别达300~400吨，潜水深度一般为2000~5000米，可达达11000米。现在使用的深潜器绝大部分是依靠与舰船连接的缆线操纵深潜器。使用电缆遥控操纵深潜器的优点是：(1) 能长时间提供动力；(2) 有高速率数据传送能力；(3) 与辅助舰船之间的联系可靠，不会受到无线电或其他信号的干扰。

“海下气球”遭遇大王乌贼

1933年，在芝加哥举行了一次世界商品交易会，毕比的“深海潜水球”在“进步世纪博览”厅展出，当场吸引了许多人。正在兴致勃勃讲解的毕比，这时是不会注意到一双专注的眼睛的。这双眼睛时而盯着潜水球，时而看着神采飞扬的毕比。

这个观众名叫奥古斯特·皮卡德，这年已是50虚岁了。他是瑞士人，1884年出生于巴塞尔城，20岁那年便成了布鲁塞尔大学的物理学教授。

皮卡德的那个时代，是个创造发明层出不穷的时代，年轻人热衷的是创造和冒险。在这个时代氛围中成长的皮卡德也有类似的性格，他的座右铭是：“生活等于挑战和探险。”

当时的欧洲，最时髦的探险是飞向同温层。皮卡德设计出一种铝制密封

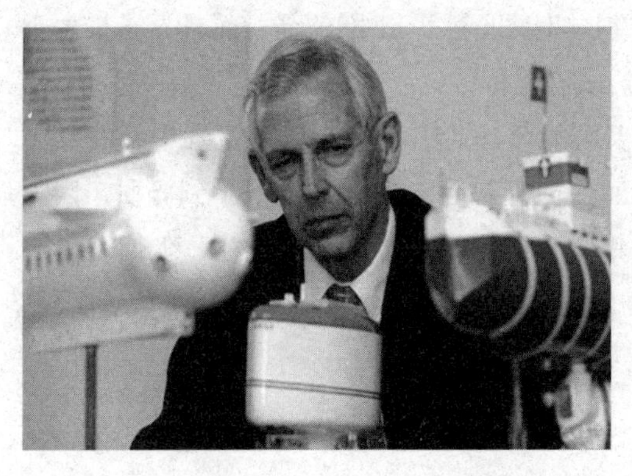

深海探险家奥古斯特·皮卡德

舱来代替敞开的吊篮，这样人不会因为高空的空气稀薄而昏厥。1913 年，他乘坐自己设计的气球到达 16 千米的高处，在那里考察了 16 个小时后，气球又水平运动穿过了法国和德国的上空。

此时，他正被毕比所讲叙的深海奇景所吸引，他的头脑里闪过一个念头：能否造一只逆向运动，也就是不向上升而是向下降的“海底气球”？这只气球不需要船的缆绳系挂，能在海底左右上下自由行动，就像他的高空气球那样。

于是，皮卡德转向了深海潜水球的研究。当时，潜水球的设计面临两大难题：一是材料质量问题。随着潜水深度的增加，铁铸的球壳越来越厚，重量也越来越大，沉下去后无法自浮，只得靠船缆吊起；二是动力问题。以往的所有潜水球都是被动的，一旦潜水球到深海，再加上入水钢缆的重量，稍一震动，就会有缆断球沉的危险。动力系统是解除这一危险的关键，可是密封又十分不易，因此当时的深潜球一直在海下 1000 米左右徘徊。

以往的高空气球探索既奠定了皮卡德坚实的理论基础，又启发了他活跃的发明灵感。他把气球加密封舱的原理应用到潜水之中，设计出一种独特的深潜器——“海下气球”。

大王乌贼

海下气球由两部分组成，其一是钢质密封舱，采用最合理的耐压外形；其二是浮体，浮体呈圆筒状，里面装有弹丸式的铁质压舱物，被强电磁力固定在筒内。密封舱连接在浮体的下方。下沉时将水放入浮筒排出空气，上浮时则切断电源抛掉压舱物而取得浮力。

海下气球是第一代自航深潜器，但因第二次世界大战的爆发推迟了试验。到了1948年，皮卡德才实现了他的愿望。他把潜水球取名为“FNRS”2号，以纪念一家资助他的公司。当初的“FNRS”1号也是这家公司资助的，不过它是在大战前用来高空探险的气球。“FNRS”2号的直径2米，壁厚9厘米，设计深度为4000米，安全系数为4，重量为10吨。

接着皮卡德驾着它进行了第一次处女航，深度只有25米，但各种数据显然都符合要求。以后他逐步加深“FNRS”2号的潜水深度：100米，200米，500米……

1948年7月，“FNRS”2号被送到法国布列塔尼半岛的西海岸。23日皮卡德钻入了潜水球，由母船“宙斯”号把它放到海面。“FNRS”2号在离岸约70米处开始斜线下潜，一会儿来到了一个全黑的世界。皮卡德打开前方的聚光灯，海水变得明亮起来。这时他似乎有一种不祥的预感，想停止下潜，向上浮起，但来不及了。他看到在潜水球前面的20米处，有两个巨大的黑影纠缠在一起。好奇心驱使皮卡德向它们接近，把聚光灯照到它们身上。他看清了，原来是一头抹香鲸与一条大王乌贼正作着殊死的搏斗。由于它们的剧烈运动，海水发生了暗流，使“FNRS”2号上下不定。皮卡德关掉推进器，但依旧亮着灯光。这时，那头抹香鲸巨大的尾鳍一拍动，挣脱了大王乌贼的“拥抱”，逃遁不见了，而那条长约9米的大王乌贼却一步步地向潜水球逼近。

皮卡德有些惊慌失措，他想启动推进器，但四周已布满了浓浓的墨汁，聚光灯也难以射穿。既然如此，皮卡德干脆听天由命，关上了聚光灯。这是皮卡德的一个错误决定，大王乌贼对失去光照的潜水球更加有恃无恐了。它对潜水球肆意发威，那粗如电线杆的腕足拍打着球体发出恐怖的声音，使皮卡德不寒而栗。

大王乌贼抱住潜水球东拉西拽，使它忽上忽下。皮卡德不时地首足倒置，不知所措。但他很快明白这是生死存亡的关键时刻，必须保持镇静。他迅速打开排水器和推进器，双腿紧紧夹住驾驶座。左手操纵聚光灯开关，让灯一明一暗，右手拿了一截钢管，敲打着“FNRS”2号的内壁，试图用光和声音来驱赶这条孽障。

皮卡德不知这样持续了多少时间，突然，从舷窗里射进灿烂的阳光。皮卡德知道自己已经回到了海面，他获救了。可是海面上根本没有“宙斯”号的影子，他不知道自己到底到了什么地方。

推进器已不起作用，因为电已经用完，无线电也发不出去，天线早被大王乌贼折断了。皮卡德第二次采取了听天由命的态度。在这水天相接的世界中，他任凭风浪随意摆布。

“FNRS”2号是不带食物的，只有一小桶淡水。他在难挨的饥饿中度过了几个小时，然后坐起来写他的笔记：“恐惧和绝望是生命的蛀虫，生命的伟大之处就在于任何时候都该有战胜险恶的决心。”

黑夜来临了，他为了延长生存时间，尽量减少活动，就坐在驾驶座上打瞌睡。他居然睡着了，醒来的时候他看到了从舷窗射进的满眼霞光，听到了外面起网的呐喊……他漂到了摩洛哥的丹吉尔附近，被正在这里捕鱼的渔民发现了。后来，一直在直布罗陀北岸寻找“FNRS”2号的“宙斯”号来接他了，船长问他：“你还愿再一次下海底吗?”皮卡德答：“当然，除非这次我已经死去。”

向海底万米深渊进军

1948年10月，皮卡德再次携带他的“FNRS”2号到达了塞内加尔的达喀尔外海。这次出征不只他一个人，他的身旁还站着他那26岁的独子雅克·皮卡德。

“FNRS”2号的设计深度虽为4000米，但以往的所有潜水从未下达到1000米的深度。皮卡德父子到这里的目的是作一次遥控无人下潜试验，以彻底测试“深海气球”的性能。

1948年11月3日下午1时，老皮卡德开始放出“FNRS”2号，他把下潜深度计调到1400米的刻度，届时它便会自动释放铁丸以获得上升的浮力。小皮卡德打开浮筒上的排气阀，让“FNRS”2号缓缓下潜。

他们紧张地等待着深潜器的再度出现。但大西洋的波涛极大，即使浮上海面也不易发现。他们一直伫立在船舷边，达喀尔外海位于热带，此时虽然气温宜人，但父子俩都禁不住有些哆嗦。突然，不远处的海面“腾”起一股水柱，随着小皮卡德的一声高喊“在那里”，“FNRS”2号猛然跃出海面。

他们仔细检查了这颗“深海气球”，刻度表显示它到达了预计的深度。除

了渗入几滴海水和无线电天线遗失之外，其他的一切都完好无损。他们有些后悔，尤其是血气方刚的小皮卡德几乎近于沮丧：如果他们当时坐在里面，必定能看到从来没有人见到过的景致。

经过进一步检查，发现浮筒已经破裂，这时他们又庆幸了。如果他们坐在里面，“FNRS”2号重量的增加，会使浮筒不堪重负，从而永远沉入海底。

接着，父子俩又设计了两只深潜器。一艘是“FNRS”3号，在法国建造，另一艘在意大利的的里雅斯特港建造，取名为“的里雅斯特”号。

他们交替使用着两只深潜器。1953年8月11日，父子俩在众多的照相机面前，镇定自若地进入“FNRS”3号，并且亲自封门，又亲自排气。潜水器缓缓入水。深潜器入水之后久久不见动静，连无线电信号也没从海底传出。3个小时后，人们开始为他们担忧。又过了一个小时，满母船的人，甚至包括不少记者都为皮卡德父子祈祷。同时，记者们没忘记写他们报丧的通讯稿。稿子还未发出，“FNRS”3号在远远的海面上出现了，一闪一闪的指示灯划破慢慢暗下来的夜空，显得分外耀眼。皮卡德父子创造了1080米的深潜纪录。

此后的几年间，皮卡德父子一起进行了64次潜水，潜水纪录不断地被刷新。1953年9月，“的里雅斯特”号在地中海潜到了3150米的深处，1953年11月，“FNRS”3号把他们载入3048米深的地方，超过毕比的下潜纪录的3倍，1954年6月，还是“FNRS”3号，创造了下潜4050米的奇迹。

“的里雅斯特”号在1958年转让给了美国海军。当时老皮卡德已74岁了，虽然烈士暮年，壮心不已，但毕竟年岁不饶人，于是小皮卡德的时代来临了。

皮卡德父子对“的里雅斯特”号进行了改造。他们从德国购置了耐压性能更强的“克虏伯球”，使深潜器具有了下潜11000米深度的能力。当年小皮卡德便突破5000米的下潜纪录，次年的上半年他又到达5530米深处，下半年则到了7315米深的海底。

1960年新春伊始，“的里雅斯特”号由巡洋舰“温达克”号拖曳着，来到了距关岛西南354千米的海面上。这里是马里亚纳海沟中的“挑战者深渊”。1951年，英国的海洋调查船当时探测到这里的深度为10863米，由于该船是“挑战者”18号，深渊因此而命名。

在“的里雅斯特”号到来的前几天，美国的驱逐舰已向海里投放了近70

吨黄色炸药，以寻找深渊的合适下潜点。他们找到了一个声波历时14秒钟才返回的地方，深度为11000米，这深度很可能是“挑战者深渊”的最低点，于是就定为“的里雅斯特”号的创纪录处。

1960年1月23日上午8点23分，小皮卡德和美国海军中尉唐·沃尔什进入深潜器，开始下潜。沃尔什是个年轻的军官，已作过6次深海探险，这次是为小皮卡德当助手。

“的里雅斯特”号开始下潜得十分缓慢，10分钟才下潜了91.5米，15分钟后到达130米，22分钟深度为160米。当它超过200米的深度线时，下潜的速度明显加快了。这时的周围已是漆黑一片。他们还没使用探照灯，一批闪光的浮游生物替他们照亮下潜的道路。75分钟后，到了1600米的深处，他们与海面的“温达克”号进行了第一次通讯联络，到3000米处，又进行了第二次通话，第三次通话是在4000米深处。每次通话的声音都十分清晰，他们报告一切顺利，上面则祝他们建立功勋。

“的里雅斯特”号按计划以每秒0.9米的速度到达7900米的深度，这表明他们已经创造了新的下潜记录。此时他们与“温达克”号的无线电通话还是十分畅通。时间到了11点30分，他们通过仪器，丢弃了6吨重的压舱物，下潜的速度变慢了，为每秒0.6米。这时观察窗外的海水似乎十分平静，他们打开了探照灯，光柱投射到下面很深的地方，看上去一无所有。他们觉得仿佛处于虚无缥缈的太空之中，在富饶的海洋里，他们看到了它一贫如洗的一面。

当他们到达9900米深度的时候，突然听到深潜器发出了一阵沉闷的爆裂声，密封舱也同时被震动得摇晃起来。他们不免有些紧张。难道是到达海底了吗？没有，回声测深仪尚无任何反应，深潜器继续下潜着。他们擦擦头上的冷汗，把所有的仪器全都关闭了，想查明发出爆裂声的原因。细微的爆裂声依旧从密封舱的四面八方传来。他们推想，也许是深海的海虾在密封舱上爬动，或是防护漆脱落了？他们犹豫起来，停止下潜的念头闪现出来。两人交换着目光，目光里流露出各自内心的恐惧。然而，正是这恐惧使他们都感到了羞愧。人的尊严不容许他们退却，他们决定拼死也要继续下潜。透过舷窗，视野中突然呈现出生命的迹象：好像是水母、海蜇之类的圆形生物在海水里飘然而过。在前几次的深潜中也看到过这类东西，他们渴望了解深渊里

有没有鱼类。

这时，无线电话突然失灵了。与外界的断绝联系，使他们刚刚平静下来的心弦又一下子绷紧了。然而他们随时准备接受着陆时的轻微一晃，享受那莫大喜悦的一刻。13点06分，“的里雅斯特”号终于沉到了那乳白色的地毯般柔软的海底！小皮卡德激动地抓起电话大声喊叫起来，他忘记它失灵了。

他们打开水银灯，透过舷窗，睁大眼睛往外瞧。呀，在离深潜器1~2米远的海底中有一条鱼。形像鞋底，刚好落在水银灯的光柱之中。它貌不惊人，但正是它，结束了人类近5个世纪的争论：深海底究竟有没有鱼类?

看上去，这条鱼是世界独一无二的品种——长30厘米，宽15厘米，扁扁的身躯，头部长着向上翻突的眼睛；它悠然地摇摆着，缓慢地蠕动着。它慢慢地然而大模大样地游到舷窗前，看一眼，又慢慢游走了，钻进乳白色的淤泥之中，那条扁平的尾巴则在好笑地抖动。他们还看到一只长30厘米的红色大虾，长久地停在舷窗上。

他们测得了深渊的水温是3.33℃，又确认了深渊底不存在海流。

小皮卡德对无线电话已不存在任何希望，但沃尔什却一直在对话筒呼唤。他的脸上突然现出了兴奋的表情，并且朝小皮卡德作了一个接通的手势。“报告，‘的里雅斯特’号现在到达了‘挑战者深渊’的海底，深度为10918米。”他们两个不约而同地喊叫起来。此刻他们明白了，无线电话的失灵是天线上面密集的浮游生物的缘故。他们更明白：海洋再也没有人类的禁区了，人类已经填补了遨游海洋的最后一个空白。

他们打开了深潜器尾部的探照灯。沃尔什向外仔细观望着。他发现舷窗玻璃上出现了一道裂缝，虽然巨大的压力使它合拢没有渗水，但裂缝却是清晰可见；此外，探照灯的灯罩上也密布着细小的裂隙。这才清楚了在下潜时听到的沉闷的爆裂声响的原因。这并不奇怪，在这样深的海底，不要说玻璃，就是“的里雅斯特”号的金属壳体也被水压压缩了1.5毫米。此时它的每平方厘米承受了1200千克以上的力，它的承受总压力为15万吨！

上浮的时间到了。小皮卡德按住电钮，切断电流，吸附在浮筒上的铁球从压载舱里倾泻而出，沉入到松软的海底淤泥中，荡起一股巨大的闪光尘云。

“的里雅斯特”号腾地一下飞跃而起，迅速向海面上浮。15时56分，“的里雅斯特”号重见阳光。这时美国海军的飞机在空中盘旋，驱逐舰向远处鸣放着礼炮。当小皮卡德回到“温达克”号舰上时，他收到了一封电报：

“我为你骄傲，我的儿子，你现在成了海底探险的千古冠军。没有人再能打破你的记录了——老皮卡德。”

老皮卡德真是万幸，他在有生之年能看到自己儿子的光辉成就，这成就也凝聚了他的毕生心力。老皮卡德于1962年3月24日心脏病猝发而去世，当时小皮卡德正在设计新型深潜器。

新的深潜器命名为“奥古斯特·皮卡德海底游览船”，以缅怀他那伟大的父亲。这艘深潜器于1964年夏天载过3.3万人次游览海底。

“的里雅斯特”号

瑞士著名的气象学家奥古斯特·皮卡德认为，要使深潜器下潜到2000米以下，必须在深潜器上加一个压力舱加以保护。他设计出一种独特的“水下气球”潜水器，分为钢制的潜水球和像船一样的浮筒。浮筒内充满比海水比重小得多的轻汽油，为潜水器提供浮力，同时又在潜水球内放进铁砂等压舱物，以助它下沉。1951年，皮卡德带领儿子小皮卡德来到意大利港口城市的里雅斯特，在瑞典有关部门的支持下设计他的第二艘深海潜水器。这艘深潜器长15.1米，宽3.5米，艇上可载两三名科学家。皮卡德父子将它命名为“的里雅斯特”号。

“阿基米德”号徜徉万米海底

人类对于大洋深度的探测，最早的要数麦哲伦了。当年他进入太平洋，试图用一条200~300米长的系锤测线来了解它的深度，没探到海底，就认为是太平洋的最深处。后来，人们测得那儿的深度是3000米，虽然也够深的，但距太平洋的真正深渊差了许多。

20世纪中叶，由于回声测深仪的发明，人们才可能找到海洋的深渊。至今为止，世界十大深渊全都在太平洋。

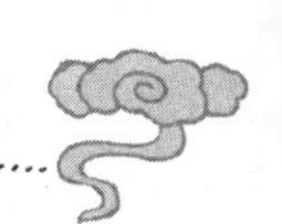

“勇士1号深渊”、“勇士2号深渊”、“勇士3号深渊”，深度分别为11034米、10882米、10047米，地点分别在马里亚纳海沟南端、汤加海沟中段和克马德克海沟中间。它们是苏联的海洋调查船“勇士”号在1957年的环球考察中相继发现的。此外“勇士”号在堪察加海沟里又测到一个10542米的深渊。

“挑战者深渊”为10863米，“的里雅斯特号深渊”为10918米，这两个深渊均在马里亚纳海沟内。

在菲律宾海沟内一共发现三大深渊：“活雕深渊”、“约翰逊角深渊”、“埃姆登深渊”，深度分别为10540米，10497米、10400米，它们的命名都取自发现它们的船只名字。

“拉马波深渊”在日本伊豆的小笠原海沟内，深度为10680米。

法国一向是海洋深潜方面最先进的国家。1961年，也就是美国—瑞士的“的里雅斯特”号征服万米深度的一年之后，法国建成了“阿基米德”号。它的身长21.3米，宽4米，高78米，排水量是196吨，是世界最大的深潜器，具有特别优异的性能。它的浮体耐压球不是突出压座舱壳的外面，从而使整个形状更像颗“深海气球”。它的底部装有钻探装置，可采集海底样品。它还有一台潜水泵，能吸取沉积物或生物。

“阿基米德”号经过试航后，被运到日本。1962年7月23日，由日本东京水产大学的教学船拖带着，从钏路港出发去太平洋的千岛海沟探险。

7月25日上午7点，千岛群岛特有的浓雾开始消散，明媚的阳光照耀着“阿基米德”号。7点40分，法国海军上尉奥朋、地质学家特洛伊斯博士和日本生物学家佐佐木忠义相继进入深潜器。20分钟后，下潜到2000米的深度，9点，下潜到3200米。这时周围的水温为1.75℃，一大群发光微生物在海水中出现，深潜器仿佛置身于万家灯火之中。

“阿基米德”号继续稳稳地下潜，深度计的指针在慢慢移动，深潜器内外格外宁静。当它到达4650米时，窗外有一股鱼流游过，他们刚想摄影，鱼流便无影无踪了。

当深度计指针指到8000米时，声呐测深仪开始启动工作。此时的外界水温为2.3℃，器内温度为15℃，他们都略感寒冷。

11点16分，“阿基米德”号来到9600米的深处，海底已经伸手可及。3

位探险者不敢有半点疏忽，各就各位细心地观察仪器。他们放慢深潜器的下潜速度，因为深渊的海底至今难以预料，如果是凸出的岩石，深潜器撞上去就会损坏。那样的话他们便创造了一个悲惨的新纪录：第一批葬身深渊的人。但情况比预计的要好得多，11 点 47 分，“阿基米德”号轻轻地在海底着陆，沉积物荡起高高的黄色“尘云”。他们一边向上面报告：“一万米，一万米!”一边开动取样器收集样品。后来经显微镜观测，这些粉尘的粒径只有万分之一毫米左右，难怪稍一动荡便会“尘土飞扬”。

“阿基米德”号不敢快速行驶，只是在海底上面几米处轻缓地移动。几十条 3 ~4 厘米长的小鱼一直为观察窗里的灯光所吸引，一不断地来回游动，好奇地瞧着这些陌生的人类。它们一点也不害怕上千个大气压的高压，与缩在厚厚的钢壳里的探险家们形成鲜明的对照。这里，阳光根本不可能到达，水温是那样寒冷，氧气和营养盐类极其稀少，可是，生命的顽强却在这里得到了有力的佐证：这里不仅有鱼类、虾类，还有其他藻类和软体动物，它们都在这块“死地”上繁衍生息。

“阿基米德”号在深海逗留了 3 个小时，时间超过“的里雅斯特”号的 6 倍。14 点 10 分，探险的科学家们依依不舍地向“死地”告别，两个半小时后回到了海面。

“阿基米德”号这次的功成名就，对它来说仅仅是开始。在它建成的 5 年之内，世界各大洋都见到它从容不迫的身姿。它一共深潜了 57 次，为深海科学探险作出了卓越的贡献。

深海海底

深海底面的面积无比辽阔，1000 米以上深的海底占整个海底面积的 80% 以上，相当于海平面以上陆地面积的近 2 倍。随着海水深度的增加，那里的光线越来越暗，水温越来越低，生物越来越少。深海的温度随海域纬度及海水深度的不同而有所差别。水的压力巨大，在 10000 米深处，动物体表的每平方厘米面积上，就要受到 1000 千克的压力。

后起之秀“阿尔文”号的故事

“的里雅斯特”号在海里服务了10年，于1964年从美国海军退役，被陈列在美国的“国立博物馆”里。

“阿尔文”号深海潜艇

替代它的是美国自己建造的“阿尔文”号，虽然出资的是美国海军，但使用它的却是民间的伍兹霍尔海洋研究所。建造伊始，它的下潜本领远不如“的里雅斯特”号，最大潜深只有1839米。不过它的结构独特，功能全面，因此别看它仅重13.5吨，耐压壳的直径只有2.1米，但在海洋调查和深海打捞方面作出了令人刮目相看的成绩。

1964年，“阿尔文”号在下水的第一年，就下潜了100多次，把海洋学家送到黑暗而寒冷的海底世界，进行了各种研究工作。

它的声名大振是1966年的那一次下潜。那年，美国的一架飞机在欧洲上空发生碰撞坠落，所载的一颗氢弹掉入了西班牙帕洛马雷斯附近的海里。这片海区水深900米，潜水员无法打捞，使美国军事首脑万分焦急。这时美国海军想到了“阿尔文”号。“阿尔文”号立即被“大力神”飞机紧急运到西班牙，在飞机、水面舰艇和深潜艇的配合下，马上下潜进行搜索。由于紧张的搜索，使它忘记与水面联系，加上下潜时间过长，以致上面的指挥船以为它已经罹难，准备发报通知五角大楼。但“阿尔文”号突然钻出水面，报告发现了海底的氢弹。于是全体人员皆大欢喜。

“阿尔文”号翌日再次下潜，它的器外机械手大显神通，把从水面上递下来的钢缆一圈一圈地绕在3米长的氢弹上，一次打捞成功。

似乎是轻易建立功勋的“阿尔文”号命里注定要遭受磨难，当它悠悠然地向上浮到600米深处的时候，突然从舷窗外出现一道闪光，还未等里面的

“阿尔文”号潜艇水中游弋

乘员反应过来，只听见“嚓”的一声，“阿尔文”号猛地震动一下，接着所有的仪表全都失灵。两位乘员忙乱了一阵，后来才想起“阿尔文”号上有手动应急设施，就用手启动，才使深潜器浮出水面。这时他们才知道袭击他们的是一条 2 米长的剑鱼。剑鱼身体细长，头上长着一根利剑般长长的骨颌，能以 119 千米/时的速度冲击鱼群，刺杀捕食。平常它的胆子不大，但极易动怒，若它受到扰动，便会奋不顾身地对鲸鱼、木船、汽艇等发动自杀性的攻击。

这回“阿尔文”号不知怎么得罪了它，这条剑鱼凶猛地冲向“阿尔文”号，利剑穿透了观察窗下部的玻璃钢外壳，连头都一起钻进舱内，总电缆恰好被它的利剑切断。如果剑鱼刺向的是观察窗，那么伴随着“阿尔文”号成功的便是沉入海底的死亡。

“阿尔文”号的另一次遭难是在两年之后。1968 年 10 月 16 日，它随母船停泊在离岸 200 千米的海面上，那天风浪极大，船晃得十分厉害。一位管理人员漫不经心地去餐厅就餐，忘记关闭“阿尔文”号上部的出入口。等他归来一看，母船甲板上空空如也，左侧的舷栏被撞出一个缺口，显然深潜器丢到海里去了。母船立刻拉响警报，各类人员都伸长脖子，但白浪滔天的海面上根本没有“阿尔文”号的影子。操作人员启动船底声呐仪，发现一铁物正缓缓向下沉去，“阿尔文”号最后躺在了 1500 米深的海底。

科学考察的母船向美国海军部求援，后者一时腾不出手来，直到 1969 年 8 月，才派了另一只颇负盛名的海军深潜器“阿鲁明纳”号来到失事现场。“阿鲁明纳”号的最大潜深为 2430 米，它的优越之处是有两只较大的机械手，举力各为 91 千克，多次完成水下打捞任务。8 月 28 日，“阿鲁明纳”号的机械手紧紧抓住一张尼龙网下潜，套住在海底沉睡了 10 个半月的“阿尔文”号；另一只机械手则在尼龙网上系栓打捞浮筒。不一会，浮筒充气，“阿尔文”号重见天日。

“阿尔文”号被拖回到伍兹霍尔海洋研究所，同时向美国科学基金会申请改造“阿尔文”号的经费。美国科学家在重建它时，给它换上了钛合金制造的耐压舱，这样它的最大潜深提高到了3658米。1973年，崭新的“阿尔文”号刚刚获得新生，便投入到寻找海底“伤痕”的大规模调查之中。

勘察洋中脊和中央裂谷

20世纪60年代初，地质学兴起了一场革命，以全新的理论解释地壳结构、地壳运动、大陆与海洋的起源，海底扩张和板块构造学说出现了。为了替这理论寻找更多的证据，就必须到海底扩张的地方进行调查。20世纪60年代末，海洋地质学家借助于声呐技术，探测到大西洋中部洋底有一条奇特的山脉，这条山脉非常古怪，两坡陡峭，山脉本该是山脊线的地方却是一道深深的裂谷。而且，这条山脉宽不过300～400千米，而长则达4万千米，纵贯大西洋南北，一直延伸到印度洋、南极洲附近，像一条海底巨大的拉链，也像一道被绵长岁月之手撕裂的伤痕。海洋地质学家把这条山脉称为洋中脊，而把山脉顶部的裂缝称为中央裂谷。

海底勘探

1971年3月和11月，法国和美国的科学家两度会商准备合作探测洋中脊和中央裂谷。他们制订了“费摩斯”行动计划。“费摩斯”一词的英文意思是“著名”。它确实是著名的，不仅启用了世界上最先进的深潜器，还实现了轰动世界的海底新发现。

“费摩斯”行动计划开始于1973年夏季，科学探险家们会聚在大西洋中部海域。这里的海底地形复杂，经常有海底火山爆发。久经考验的“阿基米德”号率先孤军作战。虽然“阿基米德”号深潜过 160 多次，安全性能好，但年长日久不免老迈而显得有些笨拙。计划中的另两艘深潜器，一是“赛纳”号，它刚建好，尚未作过试航，二是“阿尔文”号，经过改造正在试航，来不及赶到。

1973 年 8 月 2 日上午 9 点 06 分，“阿基米德”号开始下潜。它以 30 分米/秒的速度沉落，再次进入一个寒冷、静寂、高压和漆黑一片的世界。下潜的 3 位乘员中，心情最激动的要数首席科学家勒皮雄，他将是世界上第一位看到洋中脊的人，也是降到中央裂谷底部的第一个人。勒皮雄是海底扩张学说的积极倡导者，这次下潜探险是对理论与事实是否相符的一个检验。

3 个小时之后，洋底已在“阿基米德”号的下面呈现，勒皮雄的眼睛紧贴着舷窗。他突然惊呼起来。“看，熔岩！”他感到极为振奋，因为在深潜器的前方，巨大的熔岩像瀑布似的从几乎是垂直的陡坡上倾泻而下。“阿基米德”号继续沿着中央裂谷的岩壁小心翼翼地降落。勒皮雄又看到了壁上许多“管道”，活像大管风琴的音管，参差不齐地排列在那里，直径大都为 1 米多。管道是黑色的，在深潜器的探照灯光下闪出黑珍珠般的光泽。勒皮雄一边拍着照，一边想象着熔岩瀑布形成时的壮观景象：炽热的岩浆从裂谷底部纵横交错的裂隙里涌出来，流向四方，然后被海水冷却凝结成红色的“瀑布”，而黑色的管道则可能是岩浆透气的“烟囱”……这里熔融的岩浆和陡峭的悬崖峭壁也许就是现存大陆的起源之处。

12 点 15 分，“阿基米德”号轻轻着底。海底与刚才所见的景况大不一样，尽是些破碎的岩块，不过它们的大小却出奇地均匀，像铺铁路的道砟。远处还可以看到一些完整无损的枕头状熔岩块，岩块上蒙着一层“霜”，那是海洋浮游生物的钙质遗骸，使整个洋底看上去像一块白色的帘布。

“阿基米德”号向前慢慢挪动。勒皮雄看到一株柳珊瑚，看到一丛艳丽的大海绵，在海深 3000 米的地方竟有这般动人的生命现象。他不禁暗暗惊叹。深潜器到了一块枕状熔岩边，勒皮雄启动机械手采集标本。但“阿基米德”号“年老”而动作不便，居然为此忙碌了半小时，才把那块岩石放进采集器里。深潜器在拐弯的时候，不小心撞到了一块岩石，引起勒皮雄的一阵惊慌，但很快被一种愉快的心情代替了。他看到一只怒冲冲的大螃蟹爬出洞来，张开双螯，摆出一副进攻的架势，两只小眼睛不停地转动，怒视着深潜器，好

像在埋怨这个不速之客搅乱了它的安宁。

“阿基米德”号在到处是陡壁断崖的中央裂谷底部潜航了两个多小时，进行了全方位的科学调查。14点56分，电池的电快用完了，3位海底探险者决定上浮。一个多小时之后，他们回到了海面。在母船上焦急地等待着他们的其他科学家，一看到他们欢快的眼神便明白，他们已经找到了打开海底秘密大门的钥匙。

随后，“阿基米德”号又下潜了6次，在中央裂谷底部的一座小火山周围考察了9千米，采集了岩石90千克，拍摄照片2000多张。

9月6日，“费摩斯”行动计划的第一航次结束。母船载着遍体鳞伤的“阿基米德”号返回法国的土伦港，它要经过一段时间的休整，才能接受更为重要的探险任务。

1974年6月，“费摩斯”行动计划第二航次的准备工作已经就绪。这一航次是由3条深潜器并肩作战。由于上年“阿基米德”号对中央裂谷底部已有所了解，而对谷壁仍一无所知，所以3条深潜器的具体分工是：老当益壮的“阿基米德”号在谷壁活动，小巧玲珑的“阿尔文”号到中央裂谷的轴部探险，而后起之秀“赛纳”号则去北部的海底大断层学术上称“转换断层”的地带考察。

6月下旬，考察船队抵达预定海区。7月12日，“赛纳”号的身影在大西洋炎热的海面上消失，慢慢地向洋底降落。它轻手轻脚地接近大西洋洋中脊的顶部，然后无声无息地驶入深处。不久，深潜器里传出一声愉悦的呼声：“我看到海洋的‘伤痕’了。”这时，观察窗前的海洋“伤痕”是一幅令人眼花缭乱的景象：液态的熔融物从裂缝中流出，遇到寒冷的4℃的海水，骤然凝结，迅速形成千姿百态的海底奇观。有的像巨大的蘑菇，有的像丝光蛋卷，又有的像款款飘动的纱巾。更令人惊奇的是裂缝中还时常喷发出炽热的金属溶液，它的主要成分为锰。这是富有价值的海底“露天”矿床。

在几千米深的洋中脊进行科学探险，就像与死神做伴同行，稍有不慎便会葬身海底。当“赛纳”号满载着科学资料缓缓上升到水深800米处时，突然发生了一阵猛烈的碰撞，紧接着是沉闷的响声和深潜器可怖的抖动。深海探险家立刻采取应急措施，让“赛纳”号悬浮在海中，就像一只装死的海龟。这时观察窗前出现一阵浓浓的黑雾，后来，一道巨大的阴影盖在有机玻璃上。

他们紧张得凝神屏息，等了好久，阴影终于“飞”开了。他们连忙重新启动上浮装置，回到了海面。但是他们一直不知道撞上了什么东西。

7月17日，“阿尔文”号在洋底潜航时，看到了一堵高10米的岩墙，接着又看到一堵岩墙，几堵岩墙看上去像一座海底古城的遗迹。科学家们立刻联想到关于“大西国”的传说：许久许久之前，有个高度发达的国家，几天之间就沉没在海底。这会不会就是人们争论不休的“大西国”呢？“阿尔文”号在不足4米宽的“古城街道”上踽踽而行，发现这些墙与中央裂谷大致平行，高4~10米，厚20~100厘米，两墙相距3~4米，因此它们不可能是人造的墙，而是坚固的岩脉。它较强的抗蚀能力，使它有别于四周易剥蚀的岩石。接着“阿尔文”号看到了洋底各种形状奇特的生物，其中最为怪异的是一种叫“沙箸”的动物。它们像一堆堆扔在海底的乱七八糟的铁丝，能够放出冷光，与别的东西相撞就自行发热。“阿尔文”号里的科学家起初还以为是碰到海底电缆了哩。

“阿尔文”号向一处裂谷潜进。这里的深度为2800米，两旁危岩耸立，不知不觉“阿尔文”号驶进了一条几乎与深潜器一样宽的狭窄裂缝，裂缝两旁的峭壁犬牙交错，使它向前不得。正当它缓缓后退时，突然崩陷下来的砂石纷落，如果不尽快撤离，随时有被喷发的岩浆流永远地“铸”在洋底的危险。驾驶员临危不惧，立刻使深潜器左右摇晃，慢慢抖落压在上面的砂砾。经过90分钟的挣扎，“阿尔文”号终于脱离险境，驶出了这条可怕的裂缝。

8月6日，“赛纳”号和“阿尔文”号完成了各自的考察任务，憩息在母船上，唯独“阿基米德”号还要执行最后一项任务。当它在一条大裂缝里行驶时，猛地发现自己被夹在一条狭窄而弯曲的岩缝中。岩缝的上头是一堵坚实的岩墙，天花板似的挡在上面使它无法上浮；前方是一块尖锐的岩石，又使它不能穿越，后面则是条曲折的通道，一倒车可能会撞坏螺旋桨。他们克服短暂的慌张之后，想出了一个极妙的办法：像渔夫撑篙那样，用机械手推挡着岩壁。这样“阿基米德”号终于安全地退出“死胡同”，回到了阳光灿烂的海面。

“费摩斯”行动计划的科学探险证明：大西洋洋中脊顶部的中央裂谷，深2800米，上口宽25~50千米，底宽不足3千米。这一条海底“伤痕”，曾经是大陆的一条裂缝，由于地球内部的驱动力，把裂缝两边的陆地向相反的方

向推开，最后形成两块相隔万里的陆地——非洲和美洲。

后来，科学家们又在印度洋和太平洋发现了更为壮观的大洋中脊。于是，海底扩张说和板块构造理论终于站稳了脚跟。

海底扩张

海底扩张是指由于地幔对流，玄武岩浆由洋中脊涌出、冷却，形成新的洋壳，推动早期形成的洋壳向两侧移动，同时老的洋壳在海沟处俯冲并返回软流圈的洋壳物质循环的过程。新生的海底山脉则称为海岭。当海岭和新的海底平原形成后，断裂谷的岩浆还会继续喷出，它们起着“传送带”的作用，把一条条新海岭从地壳岩层中推送出来，同时又把它们慢慢地从地壳岩层中推落下去，重新熔化到地幔中去，达到新生和消长的平衡。

“阿尔文”号探察海底地热丘

自 1974 年以来，不少国家对太平洋的加拉帕戈斯海岭及其附近海底进行调查，先后发现了不少地热丘。这些地热丘大小不一，一般高 10 米，直径 25 米左右。每个地热丘都有一个地下热水的喷出点。有些科学家认为，地热丘就是这些海底喷泉的凝析物形成的，海底热喷泉的温度可能达到 300℃。

1978 年春天，“格洛玛 · 挑战者”号在马里亚纳海沟西侧的海底进行钻探，从采集到的海底沉积物岩芯中所发现的矿物分析，是由 200 ~ 300℃的高温热水形成的，这结果与加拉帕戈斯海岭上的地热丘形成情况相符。

1979 年 4 月，“阿尔文”号来到东太平洋海岭。它按照常规下潜，也按照常规在海下调查。在水下探照灯的光柱下，海水晶莹碧透，各种趋光性的生物围聚在“阿尔文”号的四周。突然，“阿尔文”号里的科学家罗伯特 · 巴拉德听到一阵海水搅动的声音，他往观察窗外一看，大吃一惊，一股炽热混浊的黑色流体从洋底的岩石间喷涌而出。

“阿尔文”号立即对这“黑烟囱”进行考察。发现涌出的流体其实是滚烫的富含矿物质的水，四周的海水异常温暖。尤其使人惊异的是，在高温热水喷出口的附近，生活着一个由多种奇特生物组成的生物群，最引人注目的是一大丛密集在一起的管状蠕虫，有的长达4~5米，在水中不停地摆动。此外，还可以看到红色的蛤，没有眼睛的蟹和状似蒲公英的水母。显然，这个生物种群所依赖的不是太阳热，而是地热。

在以后的一个月里，“阿尔文”号不断地下潜到这一片深达2700米的海底进行考察。科学家们终于清楚地看到：海底耸立着几个大“烟囱”，一股股“黑烟”或“白烟”不断从“烟囱”里冒出来。这里超临界状态的高温热水由于水深的压力达270个大气压，所以并没有“沸腾”。这些“烟囱”有规律地排成一线在长达几千米的海底。在它们的周围，堆积着各种金属如铁、锌、铅、金、银、铜、铂等的硫化物。

海底“烟囱”与海底火山爆发不同，后者是来源于地球深处的地幔物质硅酸盐熔浆的喷发，而前者却是过热含矿水溶液的溢流。

“阿尔文”号这一年采集到的大量标本和样品，使海洋地质学家了解到许多海底的新现象。而“阿尔文”号建立这个新功付出的代价是微乎其微的：只是观察窗的有机玻璃被高温的海底“烟囱”水烘软变形而已。

海底热泉

海底热泉是指海底深处的喷泉，喷出来的热水就像烟囱一样，目前发现的热泉有白烟囱、黑烟囱、黄烟囱。1979年，首次在太平洋2500米接近海底处发现这一海底奇异的景象。在这些“烟囱林”中有大量的各种生物生存。

让海底宝物重见天日

RANG HAIDI BAOWU CHONGJIAN TIANRI

海底不但有繁茂的与陆地不一样的各种各样的生物在吸引着世人的目光，还有更吸引世人眼球的东西，那就是埋藏在海底浅层的多个时代沉没的载满宝物的沉船。这些沉船宝物不仅包括无数的金条、银锭，还包括珍贵的瓷器、漆器、字画等文物。多少年来，世界上许多人或组织不遗余力、费尽心机地企图使这些海底宝物浮出水面，重见天日，由此掀起了一个又一个海底寻宝的浪潮。

沉睡在海底的珍宝

海洋是世界上最大的文物宝库。海洋里淹埋着各个时代的沉船，这些沉船上遗留着各个时代的艺术珍品和大量的金银珠宝。据考古学家和有关专门人士估计，在全球海洋中，至少有 100 万艘沉船。

从爱琴海到意大利半岛一带的地中海海域，沉睡着不少古代的和近代的商船、战舰和贼船。美国宾夕法尼亚大学的一位教授就曾在这一带发现过公元前 13 世纪至 11 世纪的沉船。在意大利，1955 年曾有过一次非常重要的水下考古发现，它涉及距今 2400 年前雅典人对西西里岛的一场远征，被发现的遗物，就是被击败的雅典船队的残迹和 119 艘希腊战舰的残骸。

锈迹斑斑的海底沉船

此外，从斯堪的纳维亚半岛至英国和西班牙海岸，也都发现过不少沉船，其中包括1588年在爱尔兰海沉没的西班牙舰队的主力舰“牧立尼达贝塞拉”号。

在靠近北美洲的大西洋海岸，埋藏着自哥伦布登陆以来的大量沉船。1963年在佛罗里达半岛附近发现的西班牙商船，装载着价值连城的金银珠宝，被称为水中考古史上最大的宝船。

传说中最重要的日本沉船是“遣唐使船”。据记载，奈良、平安时期，日本派往当时中国唐朝的使船共有40多艘，其中至少有12艘沉没在大海之中。这些使船满载着当时日本贵族使用的香料、绸缎、书籍和陶瓷器皿。在唐宋时代，中国的友好使船也载着当时中国的文明开往日本，其中也有不少葬身于碧海。

这里列出的，是世界沉船史上价值最高的10艘。它们至今仍静卧海底，等待着有一天能重见天日。

“圣·罗莎”号。1726年，葡萄牙军舰“圣·罗莎”号携带26吨金币和金条，在离巴西的圣·奥古斯丁角不远的地方爆炸。700名舰员只有5人幸免于难。

“圣·克拉拉”号。1573年，葡萄牙商船“圣·克拉拉”号携有300万克鲁萨多斯（葡萄牙货币）从远东回国途中，沉没在马达加斯加南岸。

“圣·弗朗西斯科·塞维勒”号。1656年，西班牙商船“圣·弗朗西斯科·塞维勒”号从美洲回国途中至西班牙南部的加的斯湾时，与英舰交战被炸，连同价值200万比索的财宝一起沉入海底。

“圣·海罗尼莫”号。当时来往于墨西哥的阿尔普尔和菲律宾的马尼拉之间的西班牙商船“圣·海罗尼莫”号，于1590年在菲律宾的卡塔德安斯岛遇到风暴袭击失事。船上拥有价值300万比索的金银货币。

“弗洛·多·玛尔”号。1511年，葡萄牙阿半索·德·阿尔伯克基商船队的“弗洛·多·玛尔”号，在印度尼西亚苏门答腊岛西北海岸失事，沉入18米深的海底。船上载有跟真动物一般大小的幼象、幼猴和其他动物的金雕像20多吨，还有宝石多箱。这是世界上最豪华的一艘沉船。

“诺埃斯德拉·赛谬拉德·比拉勒”号。当时来往于阿尔普尔科和马尼拉之间的商船“诺埃斯德拉·赛谬拉德·比拉勒”号，于1690年连同所携载的150多万比索和金条一起沉没在关岛南岸的科科斯海峡处。

“圣·玛卡里达”号。西班牙阿墨勒胡安特罗德古资曼上将的旗舰“圣·玛卡里达”号，于1554年在亚速尔群岛的皮克岛附近，遇到强风暴袭击而沉入海底。船上载有价值200多万比索的财宝。

“诺莎‘森浩拉达·埃斯特雷拉”号。葡萄牙大商船“诺萨·森浩拉达·埃斯特雷拉”号携带价值400万克鲁萨多斯的财宝，于1571年从远东回国途中，在南大西洋阿森松岛西北岬遇难。

“格罗斯万奥尔”号。英国东印度商船队“格罗斯万奥尔”号，于1782年在南非东海岸遇难，船上有价值达300多万英镑的财宝，包括一顶镶嵌珠宝的金质孔雀印度王冠。

“圣·彼德罗”号。西班牙费德利克德托莱多将军的旗舰“圣·彼德罗”号，于1626年在法国比亚里茨沿海失事，船上有价值达375万比索的财宝。

地中海海域

地中海是世界上最古老的海，被北面的欧洲大陆，南面的非洲大陆和东面的亚洲大陆包围着。东西共长约4000千米，南北最宽处大约为1800千米，面积约为200多万平方千米，是世界最大的陆间海。以亚平宁半岛、西西里岛和突尼斯之间突尼斯海峡为界，分东、西两部分。地中海是重要的海上贸易通道，古代很多商贸船由此通过，这也是那里海底沉船很多的一个客观原因。

潜海寻宝成为一种职业

海底寻宝和陆上淘金一样，首先要找到“金矿”。早期的潜水寻宝者，是靠渔民提供线索来确定沉船的位置，通常要向提供线索的渔民支付一定的报酬或合资打捞。有的靠渔民的指引确实找到了沉宝，有的却买到了假情报，或者沉船早已被打捞过。今天的专业或业余潜水员，不再依赖于渔民提供的或真或假的情报。他们可以翻阅大量的历史资料，从中寻找有关沉船的确切记载。

潜水寻宝者最感兴趣的是西班牙强盛时期的沉船。1492—1830 年，西班牙人在美洲找到了 50 亿比索的金银。在运回国的航途中，有约 1/10 的大帆船沉入大海。沉船海区多在加勒比海、巴哈马和佛罗里达沿海。在东方，西班牙人使用的是马尼拉大帆船，这种船重 1500 吨，是西班牙大帆船的 3 倍(运载量 5 ~ 10 倍)。从 1565 年开始，在之后的 3 个世纪里，每年在墨西哥的阿卡普尔科和马尼拉之间进行漫长和危险的航行。船上除金银外，还载有贵重的象牙、翡翠工艺品和中国瓷器，成箱的珠宝。有人从冲上德雷克湾海岸上的砂石中发现了古代瓷器的碎片，经查证，是来自一船名叫“圣·艾格斯特”的大帆船。1595 年它沉没在旧金山附近的德雷克湾。人们估计沉船就在离发现碎瓷片处几千米的海域内。

在西班牙统治美洲的 300 年里，约有 2000 条西班牙运宝船沉入海中。95% 的船只都沉没在水深不到 50 米的浅海区。虽然这个深度对专业潜水员和业余潜水员都是安全的，可是，真正打捞上来的沉船为数很少。

西班牙殖民地时期的财宝吸引了德国人、葡萄牙人、法国人和英国人。他们一哄而起，瓜分和掠夺海底的财宝。同时，海盗船和走私船大量出现，到 18 世纪初，每年通过加勒比海的非西班牙船只有 600 艘，到 1785 年增加到 1300 艘，1800 年超过 2500 艘。随着航运业的发展，沉船数量也在不断增加。到 1830 年，每年约有 500 艘船沉没在加勒比海和美国东海岸了。

即使在有了现代化航海手段的今天，沉船事件仍不断发生。不难想象，在仅靠罗盘确定方位，没有海图或仅有不准确的海图的时代，木制海船极易受热带风暴的袭击，触礁沉没是常有的事。所有沉船，不管是西班牙大帆船、

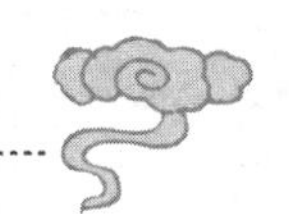

19 世纪英格兰的商船还是第二次世界大战的货船，一旦重见天日，它们载有的珍宝器皿都会身价倍增。

潜海寻宝的人们早在 17 世纪英国人迁居百慕大的时候，大量的小船就漫游于西印度群岛沿海，人们开始打捞这里的沉船。19 世纪，巴哈马人把潜水寻宝作为效益最高的致富手段。在开曼岛，许多富户都是前两个世纪潜海寻宝者的家族。到了 20 世纪，水下呼吸器开始应用到潜水寻宝活动中，在海底金银财宝的引诱下，许多人把猎取水下珍宝作为自己的职业。

对业余潜水爱好者来说，他们也能在偶然的情况下交上好运气。1906 年，在牙买加南边的培州暗礁群，一个渔夫没有戴潜水装具捕捞龙虾，结果发现了大量的西班牙金条。1958 年，一对在巴哈马海滨城市拿骚度蜜月的年轻夫妇，在海边潜水时无意中发现了 300 磅的金锭。然而突然而降的幸福，使他们未经考虑便轻率地以黄金价格把金锭卖掉了。他们没有卖出应值的价钱。1963 年，两个十几岁的孩子穿着轻便潜水服在美国佛罗里达州靠近维罗的近浅滩上找龙虾，发现海底闪闪发光，这两个小家伙胆战心惊地靠近观察，结果发现的是价值超过 20 万美元的美国双鹰金币。他们只用了两个小时，就把金币全部打捞上来。更多的发现是在 1969 年。一个潜水员和他的妻子来到大开曼岛度假。一天，他们夫妇在海边拾贝壳，无意中发现在水深不到 1 米的海底有一枚嵌有宝石的金十字架。他没有声张，悄悄拿来潜水呼吸器，潜入海中。当他扒开一层沙石后，下面露出了一艘沉船的舱室，里面堆满了金银财宝！经打捞查证，舱内有 1521 根金条银条、1 个 3 磅（1 磅≈0. 45 千克）重的金盘、一个嵌满绿宝石的金手镯、300 个小金塑像和其他贵重物品。令人难以相信的是，这片海滩就在一个旅馆的前面，而且里面住着上千名专业潜水员。他们经常在这一带海域寻找沉船。

但作为一个潜水员来说，坚持不懈的努力最终会得到应有的报酬。一名美国潜水员，利用假期在佛罗里达近海找到了一艘 19 世纪的沉船，打捞上来 50000 个小铜币。另一名美国潜水员在 3 年的时间里坚持业余潜水，找到了西班牙沉船中的宝石、壁炉等，净得 50000 美元。

更多的沉船是由一些专业打捞公司打捞上来。1955 年，一家美国打捞公司打捞上来一艘 19 世纪的帆船，里面有 3000 枚金币和上千瓶威士忌。到 1950 年，几乎每年都有 60 多条沉船被发现和打捞。这种无节制的打捞一方面给海底文物造成破坏，另一方面也会使海底“金矿”渐渐穷尽。于是，有关海底寻宝的规定便制订了出来。1964 年在佛罗里达沿岸的寻宝组织只有 109 个是合法的，到了 1972 年，这种寻宝组织只剩下了 6 个。

今天，潜水装具的应用，大大提高了潜水深度和水下停留时间；水下金属探测器会使业余潜水员不致失去良机。越来越多的人爱上了潜水这项有意义的活动，他们中会有不少人将成为水下的幸运者。

打捞“开发”号沉船珍宝

1687 年，一艘 200 吨的“詹姆斯和玛丽”号帆船，经过 9 个多月的海上漂泊，终于从西印度群岛满载而归，回到了伦敦附近的格林尼治皇家造船所。船舱打开之后，舱内的货物令专程从伦敦赶来的一批贵族们惊讶不已：大包大包的银币和金块堆满了船舱。

此时的船长威廉·菲普斯可谓风光一时。他头戴金缎带帽，项挂一条足有一米长的金链，大步走向码头。官员们将宝藏一过秤：足有 31 吨多重的银币！（当时的银元比现在的值钱）有人估计这一船银币的现代价值高达 4000 万美元。而这全是从海底的沉船中打捞出来，从此发动了延续至今一直不衰的海底寻宝热。

菲普斯的成功唤醒了人们对发财的欲求。股票公司相继成立，为其筹划资金，打捞船只越造越考究。后来计算出著名彗星轨道的英国天文学家哈雷，也发明了一种新的潜水面具。在此之后 10 年间，许多人纷纷下海历险，以至于年轻的文学家笛福，远在写出《鲁宾逊漂流记》之前，也下了决心赴海上冒险，尽管这成功的可能性仅有万分之一。

对今天的海底寻宝者来说，条件大为改善了。你可以到西班牙内地港口城市塞维利亚档案馆去查资料，当时西班牙殖民贸易情况以及每条沉船的名字与货物都有详细记录。人们可以利用各种超灵敏度的金属探测仪、声呐装置和挖泥机械以帮助测定沉船方位、打捞财宝。

报上也经常有些令人炫目的报道：美国佛罗里达州基韦斯特市的探宝者梅尔·费什尔在岛国巴哈马沿岸仅 9 米深处的水下发现了沉于 1636 年的“玛拉维亚”号，有人估计其财宝多达 16 亿美元之巨。仅费什尔一人便已打捞到

31040 根银条和 2900 块天然绿宝石。

海底为何有这么多沉宝？这还得从西班牙早期的海外扩张说起。1522 年，西班牙著名探险家科尔特斯带着刀枪和《圣经》来到美洲大陆，“为黑暗带来了光明”。他在征服古巴之后，又受命为探险队总指挥，于次年 2 月率 11 艘船只，508 名士兵，100 余名水手和 16 匹战马，在尤卡坦海岸登陆。上岸之后，科尔特斯便下令烧毁所有船只，表示有进无退之决心。他建立了拉克鲲兹新城，并担任城主和大法官。从此，他搜刮来的财宝便开始由美洲大陆运往欧洲。

1545 年，科尔特斯在海拔 4570 米的安第斯高山上发现世界上最富有的金、银、钨矿。大批印第安人被驱赶着来到这里挖掘、冶炼，并新建了许多造币厂。这里生产的 85% 的金银币都送到了西班牙。到 1550 年，已有 50 多万杜加特（金币名称）运出；到 17 世纪中叶，约有 13 亿的金币被运往欧洲。加上 16 世纪末之前运走的财富，共有 30 亿左右的杜加特！

这笔财富今天的价值是可想而知了。有的历史学家估计西班牙由此获得的财富价值 600 亿美元，略低于美国肯德基州诺克斯堡国家金库的价值。17 世纪中整个欧洲流通的钱币有 1/4 是在美洲制造的。它们制作粗糙，刻有制币厂名，然而它们却主宰了好几个世纪的欧洲市场。人们可以在华盛顿用它作为军饷，威尔士著名海盗亨利·摩根非它不抢。它成为当时的国际货币。

有了美洲的源源不断的“银币输入”，西班牙就像贫血的人输上了血，一切都改变了。工业复苏，商业发展，查理斯的王室也照样花天酒地。国家和个人忽然悟出：外出航行比用缝纫机在国内做工来钱更快更容易。

然而，远航的每一步都充满危险。为了防备海盗，每条船上都配备重武器，两边各有 100 门铜炮。满载货物的帆船吃水很深，没有真正可信赖的航海图、指南针和罗盘的指引。海底又有遍布加勒比海的浅滩和珊瑚礁。船长可以准确地辨出南北方位，却不知自己的东西方位，最好的赌注莫过于押在陆上标记上，比如说古巴沿岸的海峡等。但是，对于船队构成真正威胁的是大海的狂风。

1545 年 8 月，两次飓风接踵而来，击沉了早已停泊在圣多明各的大部分船只。1553 年，另一次飓风袭击了驶往哈瓦那的新西班牙舰队，有 13 艘大船一直被刮到得克萨斯沿岸，海滩上遍撒银币。10 年之后另有 6 条帆船沉入海底。

难怪菲普斯要下海探宝了。他发现的沉船为“开发”号，是1641年进水沉入海地岛海域的。“开发”号一开航便命运多舛。20年前它是一艘商船，后来首尾加了40门铜炮和护栏，尾部增添了一个船楼，改装为大型航运船。它在韦拉克鲁斯码头上停泊了有一年多，帆布发霉。就在此时，马德里发来一道“金牌”便改变了一切。

腓力四世与他的哈布斯堡祖先一样，也深深陷入债务泥坑之中不能自拔。西班牙与荷兰重又开战，军饷毫无着落。腓力需要银子，“新西班牙舰队”必须立即出发。就这样，“开发”号载着一半国王的银子，一半私人财富，严重超负荷地上了路。

在哈瓦那，船长亚当曾申请检修甲板，但此刻已是9月初了，舰队司令急于出发，拒绝了他的要求。

9月28日，在离圣奥古斯丁不远处，船上哨兵已望到一团黑云堆压在南方天边。这是个不祥之兆。果然当天夜间，风暴携着大浪迎头扑来。黎明时分，一个大浪劈在船边，一直打到船尾甲板的15米高灯上。大船摇晃了一下，海水便从炮口处灌了进来，大船蹒跚而行。不时地被浪击中，甲板都松散了。船员和乘客们拼命往外舀水，许多人面对圣母像祈祷不止。后来风渐渐小了些，“开发”号在朝南漂流时，却在海地岛北边90千米处触礁沉没，珊瑚礁像尖刀裁纸那样撕开了它的底部。船上惟一的大艇载着高级官员，包括舰队司令和少数乘客先弃船而走。其余的人爬上用船木板临时做起来的木筏子，将自己的生命与风浪作一拼搏。有些人设法安全到达海地岛，但也有490人永远葬身海底了。

“开发”号沉没的消息在百慕大和牙买加地区不胫而走。当时率加勒比海商船远航的威廉·菲普斯盯上了这个目标。

当时人们对此都不相信，菲普斯决定直接面呈国王。他得到了查理二世的接见。那年9月，菲普斯返回美国时已是英国皇家海军舰船的指挥官了，他口袋里装着查理签署的委任状。

菲普斯第一次寻宝毫无所获。海地岛有3条大珊瑚礁群，即使他找对那一条，众多珊瑚岛也足以使他眼花缭乱。当他两手空空回到英格兰时，却被抓了起来，当作骗子关进了伦敦监狱，其罪名是“损失了皇家一艘舰船”。

菲普斯无所顾忌，出狱之后继续寻找新的支持者。这时，另一位国王——詹姆斯二世登上王位。他忙于其他政务，但一些高层贵族如阿尔伯马尔公爵却十分热衷于寻宝。于是1686年9月，菲普斯率“詹姆斯和玛丽”号大型帆船再度起锚。

或许是由于与西班牙水手和海地岛居民交谈访问的结果，菲普斯这次发现了其他人忽视了的重要信息。他这一次找对了位置，派了一只小帆船“亨利”号前去一个被当地人称为“银滩”的地方。

“亨利”号的船长很容易地找到了“银滩”，并在珊瑚岛上闲逛了两天。正当他准备离开之时，一名潜水者发现了海底长出的一个十分漂亮的水螅。潜水下去，却发现自己被一排半露出的炮包围着。不远处，有5根银条被沙半掩着，又发现了一堆银币。它们早已被45年的海水浸泡染黑，锈在一块了。至于“开发”号本身则无多少线索，它那木头船身早已被虫吃光，或是被珊瑚包住了。

菲普斯花了2个月的艰苦劳动打捞财宝，不少金银还得用榔头撬杠从珊瑚上敲下来。水下面有12米深，潜水员大多是西印度群岛居民，当时尚无护目镜和空气软管，仅有一种名叫“百慕大管”的潜水具。它是由重重的锡桶制作的，底部有个存放空气的地方。菲普斯就凭着简陋的潜水用具完成了人类历史上第一次大规模的海底打捞行动。

深潜人员探查海底沉船

以后的几十年间，百慕大和巴哈马的居民们蜂拥而至，争相打捞宝物。而近代打捞则是从第二次世界大战结束之后开始的，并且因为有了先进器具而迅速发展。

海底宝藏一旦重见天日之后能派些什么用场？它们中最好的一部分出现在各种拍卖场合。它们的价值很大程度上取决于其现状。少数会进入博物馆，但大部分仍然保持流通价值。有的则被零散地出售，到了各种收藏家的手中。

浮出水面的“海军上将”号沉船珍宝

古往今来，不知有多少满载黄金、白金、白银、珍珠、宝石等稀世之宝的遇难船只，默默地沉睡在深邃辽阔的大海中。海洋就像一座座神秘而诱人的金库，吸引着许许多多敢于冒险的人。

1980，在日本东京博物馆内举行的一次记者招待会上，两名日本珍宝搜寻者公开宣称，他们已经找到了迄今为止“世界上最大的沉没于海底的珍宝”。这笔包括黄金和白金在内的珍宝，价值大约为37亿美元，计有5500个盛放金币的箱子、48个大金锭、16块白金锭，以及其他珠宝。消息顿时像长了翅膀似的，很快飞遍了整个世界，使得不少同行都目瞪口呆。

这笔海底珍宝是隐藏在沙俄时代的一艘巡洋舰“纳希莫夫海军上将”号里的，至今已在海底待了整整91个年头。长期以来，关于这艘沉船中是否真藏有包括金币、金锭、白金锭、白金餐具，以及其他珠宝在内的珍宝，一直是个谜。虽说打捞专家们断断续续地对它进行过无数次的探索与研究，终因技术上的问题而不敢下太大的本钱，这艘沉船也就无可奈何地长眠于海底。

8500吨位的“纳希莫夫海军上将”号巡洋舰，是在1905年5月28日的一次海战中被击沉的，沉没于离日本对马岛数十海里、水深约94米的海底。它的沉没可以说是当时的俄日战争中的一个重大转折点，它使沙俄遭到了彻底的失败。在那场战争中，这艘名为巡洋舰实为帝俄舰队的会计母船，为沙俄筹借军费，装载了大量的金银财宝，因此特别引人注目。

俄日战争结束后不久，熟知内情的人自然忘记不了这艘沉船。东京一所大学的著名教授铃木章之（已故）所提供的数字表明，1932—1954年这20年中，为打开装甲的货舱来捞取隐藏的大金库，人们竟进行了2484次各种海底作业，但这些活动都不幸流产了。1937年，铃木亲自指挥的捞船寻宝活动，甚至断断续续地进行了28年，直到1963年也因潜水技术的落后而夭折。

打捞“纳希莫夫海军上将”号沉船中的珍宝确实是个大难题。在对马海峡一带，除了恶劣气候、水深湍急等问题外，还有一个最使人棘手的问题就是巡洋舰上的弹药，它随时都可能会引起爆炸。

但世界上总是有那么一些为数不少的、敢于冒险的、想碰碰运气的人。日本人川良——就是一个典型。他作为打捞巡洋舰的中间商，竟下狠心投下了1500万美元赌注，并于1980年即开始了新的尝试。“首先，我是没有完全考虑到假如搜寻会失败的。”川良在记者招待会上这样直言不讳地说。不过他又戏谑地说：“世界上总人口为42亿，如果我用了30亿日元而遭到失败，那也没有什么可值得伤心，对每一个人来说，只在他的头上花费了35美分。”

川良在这次新的打捞尝试中所采用的技术，是完全不同于以往的方法。这次实力雄厚的冒险家用了他所投资的大部分资金，在新加坡秘密制造了一艘价格为1000万美元的潜水驳船“天应”号。船上配备有一只能工作在水深200米海底的潜水钟。由于沉船顶部的两层甲板已被炸掉，所以潜水工作还具有相当大的危险，潜水员借助潜水钟长时间地停留在海底，并随意出入沉船上高级船员的居住舱，已没有什么太大的问题了。

在这项举世瞩目的打捞“大金库”的工作中，大部分工作是由用重金雇聘的6名英国潜水员来进行的，另外还雇佣了15名外籍技术人员及60名本国的船员协助工作。经过首次探摸，首批白金锭已重见天日，但这仅是从上层高级船员的居住舱内找到的。专家们深信，其他大量的珍宝一定隐藏在更里面的保险库里。当然，这项工作的进展如何，特别是这座“大金库”能在何日完全重见天日，人们正怀着极大的兴趣注视着。

莱克先生永沉海底的打捞之梦

莱克是个天生的幻想家，不过他的幻想也曾经变成过现实。在19世纪90年代，当时的潜水器还只是科幻小说家作品中的天才想象，他就真的制造了一只潜水器。从各方面看，这只潜水器无非是潜水艇缩小了的翻版，所以并未引起人们过多的关注，也未给他带来大笔的钱财。这使他大为失望，因为他的幻想，大都是眼花缭乱的金银之梦。

1932年，莱克已经66岁了。一天，他伫立在纽约曼哈顿岛岸上，当微风吹起他的白发时，不禁悲从中来：漂泊一生，双手空空。他的眼睛凝视着遥远的海面……那里不就是“地狱之门”吗？暗礁密布，在历史上曾有不少船只触礁沉没……突然，他奔向档案馆，翻阅起积满灰尘的黄色纸片来。他终于找到了有关“胡萨”号的记载：船长34.7米，为英王陛下的御用船，装备有28门大炮；1780年9月13日，由于美国的独立战争，“胡萨”号装载着英军可观的饷银和价值400多万美元的黄金以及50名美军战俘，在“地狱之门”触礁遇难，船员及战俘无一幸免，全部沉入23米深的海底。

莱克继续往下看，档案上记载着当时的英军司令宣称“胡萨”号上并无黄金白银，但有人却看见4箱黄金和10箱白银被运上战舰。1823年有个名叫戴维斯的人，1829年有个叫麦克的人，都曾到沉没的“胡萨”号里打捞过，但都一无所获。1859年又有一位叫泰勒的船长领人下潜打捞，他捞起了几只金锭，由于淤泥太厚封住了舱门，后来他们也放弃了打捞。

莱克此时浮想翩翩，看来“胡萨”号的财宝还几乎原封不动地沉睡在海底，这不是天赐良机吗？他着手制定了一个新的探宝方案，首先是成立“莱克海洋救援公司”，然后以公司的名义向当局申请打捞“胡萨”号的专利权。当局开始不同意，莱克便答应交付所获财富的1/10以及打捞上来的全部大炮，当局最终同意了他注册。

接着，莱克试图筹措资金，计划打捞的经费为75万美元。虽然他四方奔走，但没一个财团肯慷慨解囊，何况当时美国正值经济萧条时期。于是莱克只得变卖家当，独资经营。他建造了一只潜水器，命名为“莱克救援”号，同时又租用了几艘水面船只，驶向他认为的“胡萨”号沉没地点进行勘察。没几天，因他的手头资金缺乏，无法支付雇工的工资和船的租金，几艘租船和全部人马都作鸟兽散，只剩下“莱克救援”号和另一条小型铁甲船仍忠心耿耿地跟着他在风浪里颠簸。

1933年春，他终于发现了“胡萨”号的葬身之地。一大堆无缘无故拱起的海底泥沙堆，泥沙堆旁有陆地的大工厂排放的沥青状沉积物和数不尽的废铜烂铁，这些都增加了打捞的困难。“莱克救援”号在海底来回潜航，有一次几乎被突然翻倒的大铁块压进海底，等它好不容易浮出水面时，本身也快成为一堆废铁了。莱克决定进行海底钻探，那艘小铁甲船被钻机震动得差点儿散了架，还有几次被大风吹得几乎倾覆海中，吓得船员们大呼“救命”。

不过，下钻的钻杆里发现了白垩粉，众所周知，当时的英军总是把黄金存放在白垩粉里的。这时莱克精神大振，可惜由于他支付不起最低的资金，连那艘小小的铁甲船也怏怏离去。

1937年，莱克71岁了，已经是一贫如洗，一生的海底黄金梦该做到头了吧，但他还是到处喋喋不休地游说他打捞“胡萨”号的计划。各大银行门口几乎每天都能见到他申请贷款的身影。可是，谁也没有向他伸出赞助之手。

莱克决心重新自筹资金。他在73岁那年，再次驾驶那只随时都可能进水沉没的“莱克救援”号来到沿岸浅海区打捞古代碎瓷片，然后在市场上出卖来获些钱财。同时一次又一次地到当局恳请支持。

1945年，莱克79岁，在自知不久于人世之时，他让友人用船把他载到“地狱之门”附近，他颤颤巍巍地站在甲板上，用最后的力气喊道。“我的计划决不放弃！”然后纵身跃入海里。

友人们救援不及，就等待他的尸体从海里浮起。可是一天之后仍不见任何影踪，他们只得花钱请潜水员到海底寻找。潜水员在水下活动了两天，才发现了死去的莱克先生。他趴在那堆埋葬“胡萨”号的泥沙之上，口袋里装着铅块……

塔克先生的百慕大寻宝之旅

美国佛罗里达潜水俱乐部的成员杰弗·齐特有一天潜到25米深的海底，他想在泥沙中挖些贝类作为纪念品。当他挖到40厘米深的地方，碰到了一块拳头大小的东西，上面长满了小牡蛎，他觉得有些奇怪，就把它放到袋内，后来他又找到了两块类似的东西，便把它们一起带出水面。吃过晚饭，他觉得无聊，便用小刀切开其中一块。他情不自禁地跳了起来，原来这是铸币用的银锭。第二天他又去那片海底，但再也找不到昨天挖过的那个浅坑了，海底水体的运动使泥沙平整如旧。

其实，最早的潜海寻宝发端于17世纪初。当时有许多英国人向百慕大移民，建立定居点。这些人大多是渔民，驾着小船在海里捕鱼捞虾，如果某一天看到航海的船只失事遇难，他们就默记于心里，过一些天潜下水去寻找沉船的物品，虽然经常会命丧碧海，但发了横财的也大有人在。这些英国人觉得打捞沉船是他们的生财之道，所以特别留心那些过往的船只。

百慕大一带海域的海况极为复杂，海底又多暗礁，且它是西班牙船只去拉丁美洲的必经之途，所以失事沉没的船只很多。英国渔民为了提高船只沉没的频率，他们订出了一条严格的规定：不管是婚娶殡葬，一到夜间，任何岛上都不许点灯。当时的殖民政府配合也十分默契，在它的领域不设置灯塔。因此，每当西班牙航船开到这里时，都要痛骂岛上的英国人，有一位西班牙国王曾以愤怒的语言给英国国王写过一封信，说英国人在百慕大建立殖民地，其目的是想窃取别人的钱财。而这位英国国王也同样以不逊的口气回答说，沉船是上帝不可违背的意志。

随着时间的推移，当初的那些钩心斗角都已成为悠悠岁月的一缕轻烟，而百慕大一带海域载有金银的沉船也几乎被打捞殆尽。到了爱德华·博尔顿·塔克这一代，百慕大的沉船都是现代的了，费了大力气捞上来的，大部分是些残铜废铁。

百慕大海底沉船

塔克是百慕大第三位殖民总督的后代。他年轻时曾在英国海军当一名潜水员，退役后回到百慕大重操当地居民的旧业，打捞沉船。

塔克很穷，但很有正义感，为人坦率豪爽。在他最初从事打捞业的几年里，可说是穷困潦倒，好运气只碰到过一回，那就是在1950年的一次下潜中，他和他的同伴打捞上来的6门古老的西班牙铜炮，卖了100美元。他们到小酒馆痛饮了一顿，然后把余下的钱全都给了他的那位更穷的同伴。

5年后，也就是1955年夏天，塔克在海底旧地重游，突然发现海底地貌与上次见到的不一样，泥沙被移动了，到处是朽木的碎片，有一块金属构件从泥沙里露出头来。挖出来一看，是药剂师用的青铜研钵，上面清楚地镂着1561这一令人惊讶的年号。塔克大为兴奋，继续在泥沙中挖掘着，不一会，又挖出一块重约2盎司（1盎司≈31.1克）的金块。第二天天还未亮，他独自驾船又到了那里。他近乎家徒四壁，根本没有合适的挖掘工具，于是拿了块乒乓球拍潜到海底，用它铲掉表层的浮沙，细心地查寻。这天，他找到了几只嵌有宝石的金纽扣。

在这以后的5天里，塔克赶早摸黑，拼了命在海底挖掘。他不再理会那些旧枪旧炮，只是一心寻找金子，他找到了一个18盎司重的大金盘，一块36盎司重的金条和一只镶有7颗绿宝石的金十字架。

塔克粗中有细，他不希望别人知道他发了横财，所以就把这些宝贝藏在海底的一个洞穴里，只带了颗金纽扣上了岸。说来也巧，当他回到家时，正好碰到他5年前的那位伙伴来访。那人很狼狈，满脸菜色，塔克一时动了恻隐之心，便把金纽扣送给了他。这时，塔克也多了一点心计。他只是含混地把找到金纽扣的经过说了一下，哪知第二天他刚到码头，不少人拥了上来，纷纷询问他获宝的地点，而海面上停着比往常多几倍的快艇，快艇上站着穿着潜水服的船员。

塔克大为恼火，无疑是他的那位伙伴背叛了他。于是他不再出门，有人来了也闭口不言。1956年1月，美国的《生活》杂志登载了一篇报道，说塔克发现了400年前的一笔巨大财富。这下更热闹了，全世界的寻金者慕名而来。塔克走到哪儿都有人跟随，甚至他到市场上进厕所，门口也都有人守候。在这期间，在附近的海域为“淘金”而丧生的不下20人。

塔克痛苦极了，他没想到，财富的获得竟要以付出自由为代价。一天，他在众多的尾随者的跟踪之下，走进百慕大的政府大厦，他把找到的全部珍宝都卖给了政府。当天晚上，他带着所得来的十万美元乘飞机离开了百慕大。

5年以后，塔克又在百慕大出现了，他的身份不再是潜水员，而是美国史密斯索尼安学院的考古专家。他在那所学院里得到了深造，重返这片既属于他贪婪的祖先、也属于正直平凡的他的海域，从事考古探险工作。这次他凭他的经验和新获得的学识找到了一些非常珍贵的历史文物。

神秘的百慕大海域

百慕大海域是指北起百慕大，西到美国佛罗里达州的迈阿密，南至波多黎各的一个三角形海域。在这片面积达150万平方英里的海面上，历史上有许多船只在此神秘沉没。由此，人们赋予这片海域以“魔鬼三角”、“厄运海”、“魔海”、“海轮的墓地”等称号。这些称号反过来又烘托了这里的神秘气氛。

艰难曲折的海底珍宝打捞之路

这种不费吹灰之力而得到珍宝者，总是偶然的、个别的，大量的打捞珍宝者却要付出巨大的艰辛，甚至要付出生命的代价。许多沉船从海底打捞上来，往往要花费几年时间，有的甚至几十年。英国货船“帝国庄园”号，装有70块金砖，1944年1月27日在码头上被另一艘船碰撞，引起大火，最后断成两截沉在海底。1950年英国财经部同“里斯敦”打捞公司就商量打捞黄金的事。但因这一带海洋环境特别恶劣，多雾、多风，不时有冰山漂来，海底暗流又冷又急，经过3年调查和准备才开始打捞。先是在“帝国庄园”号前半截船体上凿出一个圆洞，然后用潜水器把潜水员和起重设备一起运进洞内。潜水员在舱内用起重机把几百吨重的三夹板和电线吊出舱外，仔细搜查着金砖的下落。1个多月过去了，金砖毫无踪迹，只得被迫停止潜水作业。

1970年又开始打捞，他们采用爆破方法，把沉船底炸开，然后到锚链舱去寻找金砖。70块金砖有62块在锚链舱中找到了，最后，其余金砖也找到了。

日本打捞俄国沉船“纳希莫夫”号，先后经历失败也有几次。1944年，日本海军和政府出资150万元，由潜水大王铃木去寻找宝船，当时由于潜水技术落后，铃木不但没有找到，而且送了命。1953年，一位叫铃木章之的教授，又重新集资，发行股票，企图用水下爆破技术，从沉船内寻到珍宝，结果没有进展，弄得身败名裂。接着又有一位以生命为赌注的森武生，靠发行债券集资，也没有成功，结果也送掉性命。

悲剧接二连三发生。到1980年春天，日本船舶振兴会和日本海洋开发社采用了世界潜水科学新技术，提供“天应”号技术作业船。“天应”号有耐压96米的“潜水钟”，把潜水员移入球形胶囊内而潜入海底，钟内有英、日两国最优秀潜水员，他们同时沉入海底，下到88~96米水深后而出水，先拍摄“纳希莫夫”号沉船在水下的状态及周围环境。

沉睡的“纳希莫夫”号，船头朝西北，右舷倾斜45度，船头遭鱼雷攻击而显得不完整，肚皮留下许多破洞，全是以前探宝者的杰作。

当时对“纳希莫夫”号的传说很神，说它是俄国舰队财富和贵重金属的收支舰，装满黄金。还有的说，明治38年（公元1905年）5月27日，日俄海战时，俄国40艘军舰有19艘被击沉，“纳希莫夫”号就是其中之一。有个女孩亲眼见到50来个俄国水兵游上岸来时，人人口袋里装满黄金，用一根金条去换一个馒头。说整个舰队官兵3年的薪金全装在这艘船上。

但开始打捞时并没有收获，只是捞上一些金属器具，直到1985年才找到金砖。

20世纪80年代初，美国俄亥俄州的青年工程师汤姆·汤普逊对“中美洲”号产生极大兴趣。他先是收集并阅读了报道“中美洲”号遇难情况的数百份新闻剪报，随后又与几位有志者组成了“哥伦布·美洲探索团”的组织，集资140万美元。他们请来海洋地质学家，根据沉船时的新闻报道，以及海洋水流情况，确定“中美洲”号的大致方位，而后使用特别的声呐设备划定出若干区域，分区分块对海域进行了一次次详细的查寻。经过一年多的时间，初步认定“中美洲”号沉在南卡罗来纳州查尔斯顿以东300海里，水深达3000米。1986年汤普逊亲自设计了现代化的打捞设备“尼莫”，重5448千克，装配有极其复杂的管道和线路。由于特制的电视摄像机和近距离控制的动力杠杆作用，“尼莫”的机械臂在深海作业中既能够毫不费力地“抓”起4.5千克的重物，又可灵巧敏捷地“拾”起金币这样的小物件。自1987年开始，工作母船“北极勘探”号载着“尼莫”在“中美洲”号可能存在的海域进行一次次的打捞作业。在勘探中发现了“中美洲”号燃烧煤和其他物品的地方，可是打捞却毫无结果。他们不灰心，又用最新搜索电脑软件重新确定船位。1988年10月20日晚，正当人们有些灰心失望时，“尼莫”却抓出两块金币和一根金条。不料一个巨浪打来，“尼莫”被撞坏了，金币和金条又重新落入大海。直到1989年夏天，“尼莫”重新修好，若干天后，监视屏上出现了黄色物品，近10年的辛劳终于有了结果，他们总算捞出一批金条。

与“中美洲”号相比，寻找“戴安娜”号更为艰难。1984年美国人鲍尔首次在纽约图书馆内看到“戴安娜”号的沉船资料，他就被迷上了。为了使梦想成真，他辞去了电脑公司的工作，当上了潜水员，并下决心要依靠自己的力量去打捞“戴安娜”号。他经过深入研究与调查，确定“戴安娜”号沉没在马六甲海峡。1988年鲍尔自己成立公司，又与马来西亚政府打了整整3年的公文战，终于获得马来西亚政府的许可证。1991年马来西亚政府与鲍尔公司签订了合同，鲍尔工作这才正式启动。打捞工作刚开始30天，便花完数万美元，鲍尔的两位合作者感到太渺茫，开始打退堂鼓。他的亲友，都说他神经有毛病，是个疯子和笨蛋。只有他的妻子是个乐观能干的女人，她一面鼓励丈夫努力工作，一面照顾好4个孩子，使他在两年内全身心地投入打捞珍宝工作。他积蓄的40万美元和马来西亚投资的120万美元所剩无几，先前聘用的两名探测技师因拿不到工资不干而辞别。1994年5月13日半夜，突如其来的风暴又吞噬了鲍尔的作业平台。

也许是磨难太多，眼看鲍尔要垮了，可是上帝给了一点“恩赐”，他的磁探器终于发现了“戴安娜”号，他不要命地钻到海底，遗憾的是，他只捞到176年前的一叠瓷碟。为此，他整整耗掉了8年时间。

“中美洲”号的沉没

“中美洲号”轮船是于1857年9月8日在美国东部海区沉没的，当时船上搭载着575名乘客和21吨黄金。起航时风平浪静，但后来情况骤变，飓风和10米高的海浪一下子扑了过来，海水迅速涌进机舱，淹没了蒸汽发动机，轮桨停止了运转……船最终沉入了2400米深的海底，450名乘客遇难，所有的黄金随船一同消失在大海深处。

充满刺激的海底考古探险活动

第二次世界大战之后，随着潜水技术的发展和完善，考古学便逐渐形成一个新的分支——海底考古。至此，考古学家不再局限于在陆地上寻找人类的过去，也能深入水底，去探索人类祖先的遗迹了。

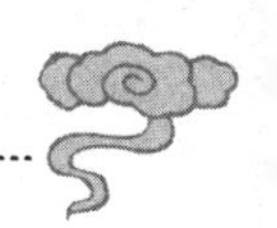

水下考古的前身，可以追溯到很早以前，一些沿海的渔民在作业时，经常能捞起一两件古代的文物，但这种天赐神授的机缘，与有计划的水下探险考古大相径庭。第二次世界大战的结束，使得在战争中开发出来的高技术可以应用于和平的目的，如潜水服、深潜器、水枪、水下焊接和切割、真空吸尘器等等，都能在水下考古方面找到用武之地。在此基础上，海底的人类考古活动才得以开展。

20 世纪 50 年代，是海底考古初期的黄金时代，地域上是以地中海为中心，因为地中海沿岸的古国航运发达，在漫长的岁月中海难事故频繁。据历史学家和考古学家推测，在地中海的意大利海岸，每隔 1 千米就有一艘古代沉船，也就是说，仅意大利的附近海域便有 1 万余处地方埋藏着不为世人所知的珍宝。

地中海沿岸海域水温适宜，水体清澈，天气也以晴朗为主，在浅海区域能见度较高。这些优异的条件，吸引了大量的海底考古爱好者。每年的 5—10 月，来自各国的人们纷纷携带各种潜水工具，此起彼伏地出没在风平浪静的海面上。这些人当中自然不乏利欲熏心之徒，他们并不在乎长期徒劳地寻觅，也不在乎可能遇到的海下的危险，只是一心一意地在礁石密布的水下碰运气。只要能找到一艘沉船，那么他的一生便会生计无虞。

打捞海底文物

1948 年，意大利海关巡逻艇截获了一艘法国的游船，发现了一些 2000 多年前的古希腊罐子，这些文物都是从文托莱内和圣斯特凡诺两个小岛之间 40 米水深的海底打捞上来的。1949 年，意大利拉齐奥地方当局打捞起 200 多个雕刻品，其中大部分是象牙雕像，很像是亚洲运到当地的，它成为研究古代欧亚贸易有价值的线索。

然而，一次最有戏剧性的大规模海底考古探险活动是由法国美食家引发的。

这位美食家的名字叫加斯顿·克里斯蒂尼尼。他擅长法兰西烹饪，几乎吃尽了全世界的佳肴美味，但品尝的最终结论是龙虾最可口，特别是鲜蹦活跳的出水龙虾。他并不富裕，所以在1952年6月的一个下午，他携带水下呼吸器，到了法国土伦附近的海域，下水潜泳，希冀在海底的礁石丛里，抓几只活龙虾饱饱口福。他到了海底，只看见泥沙隆起。泥沙里露出一支长满海洋附着生物的桅杆，桅杆旁有许多陶器碎片。他并不在意这些，而是继续找他的龙虾。运气还算不错，他在礁石的一条缝隙里发现了几十只又大又肥的龙虾。他高兴得忘掉了必要的潜水常识，当他装满了一大兜龙虾时已过了两个小时，而他又被龙虾诱得馋涎欲滴，因此很快纵身浮出水面。

这下糟啦，他得了潜水病，腰部以下全部麻木失去了知觉。他在土伦的法国海底研究所进行了减压治疗。在治疗过程中偶然对他的好友弗雷德里克·费马讲起那个泥沙堆。后者也是个爱吃龙虾的人，不过他是个海洋考古学家，职业的敏感立刻使他意识到那里有一条古代沉船。

第二天，他立刻把这消息告诉了他的导师，就是大名鼎鼎的人称“库迪少校”的贾奎斯·伊伟思。当时“库迪少校”正带领一个考古队从意大利沿海归来，此刻听说在自己的家门口也有珍贵的古物，其欣喜的心情可想而知。

两天后，一艘漆成白色的“卡里普索”号船从马赛出发，朝东疾驶。船上有“库迪少校”和他的老伙伴菲力普·迪马。他们当天便来到了大康格罗岛。岛极其荒凉，除了沿岸的峭壁以外，就别无他物了。

“卡里普索”号一停妥，迪马便迫不及待地下了水。他沿着峭壁一直往下潜。到达海底之后，他按照加斯顿告诉的方向朝西潜游，果然找到了那条龙虾聚集的岩缝。可是他就是我不到那堆有桅杆露头的沙堆。他回到海面，对“库迪少校”讲他对此行并不乐观。但“库迪少校”决定亲自下水，他的遭遇与迪马类似，不过他显得更有耐心，在岩缝的百米周围反复巡视，过了很久，他果真看到了那根已经面目全非的桅杆，这里的水深是40米左右。他扒开沙堆边上的碎陶片，找到了一只双耳酒罐。酒罐的下部被淤泥吸住，他费了一个小时的时间才把它小心翼翼地挖出，然后抱着它回到海面。一

到船上，这位经验丰富的考古学家立刻确认它是公元前3世纪的物品，属于古希腊的最珍贵的文物。他觉得，在水下的那堆泥沙下面会有更丰富的东西。

消息立即传开，各方面的人物闻讯赶到。其中虽然有不少义务潜水员，但也混杂有狗苟蝇营之徒。一时间海面上到处都是大大小小的船只。为此"库迪少校"不得不求援于法国政府，让它派出海军舰船来保护现场，使打捞工作能顺利进行。

"库迪少校"夜以继日地制定详尽的水下探险考古计划。两个星期后，大规模的打捞工作开始了。最初碰到的难题是泥沙堆上有许多大的石块，潜水员用了九牛二虎之力也难以搬动。这时一名义务潜水员建议用炸药爆破，他在战时是个优秀的工兵。"库迪少校"同意了，那位叫马尔罗的工兵带着雷管炸药下水，不一会，海底就传来沉闷的爆炸声。"库迪少校"紧接着下水，发现石块被炸碎了，但泥沙堆完整无损，可见马尔罗的确是个专家。不料，这位专家却被爆炸的声波震得失去了知觉，两个小时以后，人们才找到了他浮起来的尸体。

"库迪少校"为此非常难过，但打捞工作刻不容缓，于是他忍住悲痛，下令不停地潜到海底。在水深40米处清理古罐，是一件非常困难的事情。开始"库迪少校"每次派两个人下水，在海底把古罐用绳子拴住，再由船上的人往上拉，这虽能保证古罐的完整，但打捞的速度太慢，何况泥沙堆里的古罐多得实在难以胜数。后来，"库迪少校"让人拿来渔网，一次可拉起十几只古罐。这样速度虽然加快了，却难免碰撞，损坏了不少古罐。"库迪少校"想出了个新办法，他用潜水呼吸器的压缩空气注入罐内，罐就自动浮上海面，再由船上的人用网兜捞起。不过这方法也有缺点，有些原来就有裂缝的瓦罐未出水面就破碎了。为了不再破坏这些罕见的文物，"库迪少校"又只好沿用老方法，用绳子慢慢地将古罐吊上来。

他们工作了一个星期，人已累得疲劳不堪。但仅捞起300件文物，而且发掘工作遇到了新的困难，因为越到下面，泥沙变成了淤泥，板结得很硬，几乎每挖一只完整的古罐都得花出极大的劳动。"库迪少校"又想出一个办法：在船上安装一台强力泵，将吸管伸到海底，把盖得严实的沙土吸上水面，这样可免去许多繁重的挖掘工作，速度相应提高了几倍。可是也有一个缺点，就是原先保存得极好的陶器连同泥沙一起吸了上来，经过一路碰撞，变成了碎片。库迪心疼不已，连忙把吸管的口径改小，在吸管下再装一面柔软的金属丝网，这样才避免了文物无谓的损坏。他用这个方法打捞起几千件陶器。

一天，“库迪少校”在水下找到了一只封存得很好的双耳古罐，盖子紧紧地塞在罐颈内。它很沉，显然里面装了东西。他把这古罐轻手轻脚地抱出水面，又极其仔细地打开盖子，四周的人立即闻到了一股冲鼻的香味。那是一罐酒，在海底的淤泥里保存了2200年的古酒，液体是粉红色的，泛出一种诱人的光彩。“库迪少校”拿起杯子，倒了些酒，端详了好长一会儿，接着猛地一抬手，把酒倒进嘴里。

周围的人都屏住气，紧张地看着“库迪少校”的脸，船上的医生也做好了抢救的准备。“库迪少校”自己也很紧张，脸板得僵硬，后来才慢慢变得松弛，说了一句话：“根本没有酒味，好像冲淡了的花露水一样。”

打捞工作前后进行了7年，共捞上双耳古罐8000只，餐具1.2万件。最使“库迪少校”疑惑的是每只酒罐上都刻有“SES”3个字母，不知代表什么意思。“库迪少校”和迪马去了希腊和意大利，又翻阅了大量资料，后来考证出这些字母是古希腊一个著名酒厂名字的缩写，当时它的产品畅销地中海沿岸各国。

那罐酒现在存放在法国巴黎的博物馆里。“库迪少校”是这世界上唯一喝过古名酒的人。

“库迪少校”的挖掘打捞推动了世界的沉船考古。美国的宾夕法尼亚大学组织了一支水下探险考古队活跃在土耳其的沿海，1958~1960年，他们把公元前1200年的一艘沉船完整地打捞出水，找到了大量铜块和青铜器皿，考古学家借此了解青铜时代的腓尼基人的文明状况。1958~1960年，英国的剑桥大学组织了海底探险队，到利比亚东部昔兰尼加附近的海岸，下水考察了一座沉没了的阿波罗尼亚海港，并且弄清楚了这座港口城市的基本结构。它分内外两港，外港供商船停泊用，内港为战舰的锚地，两港之间有一条人工挖成的狭窄的水道相连，其设计之精巧合理，令今人都自愧弗如。

到了20世纪70年代，海底考古探险的视野渐渐拓宽了，研究内容不再局限于古沉船和古海港了。

海底古城

在人类历史上，曾经存在着许多发达的文明和城市。然而，由于几千年沧海桑田的历史变迁，这些城市如今有的已经根本找不到任何踪迹，有的则早已沉没于茫茫大海之中，从而形成“海底古城”。埃及赫拉克利翁古城和东坎诺帕斯古城就是著名的海底古城。

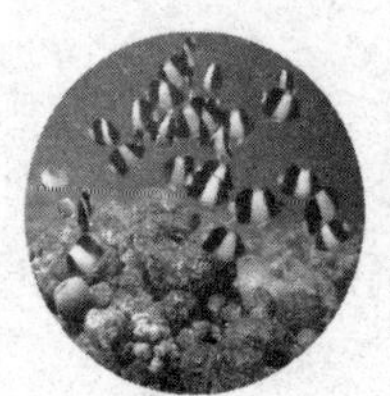

海底矿产资源的探查与开采

HAIDI KUANGCHAN ZIYUAN DE TANCHA YU KAICAI

当今世界人类正面临着日趋严峻的陆地资源和能源危机威胁，世界各国都把经济进一步发展的希望寄托在占地球表面积71%的海洋上。海底蕴藏着人类迫切需要的各类资源，而且藏量丰富，有些种类的资源还是陆地上没有或者极其匮乏的，比如可燃冰。但海底资源的探查和开采不像在陆地上那么容易，需要一定的条件和技术，在一些种类的海底资源的探查和开采方面，人类已经取得了一定的进展，别的领域也正在积极地开展进行中，海底正日益成为人类研究开发的重要领域。

海底矿产资源的来源

在海底上有厚厚的一层沉积物，一般浅海沉积物大部分是泥沙质的，主要是由河流从陆地上搬运来的物质（地质学上称为陆源物质）所组成；而深海沉积物绝大部分是软泥，主要是生物沉积，如抱球虫软泥，有孔虫软泥，硅藻软泥等；大陆坡的沉积则介于这二者之间。就在这些沉积物里面蕴藏着我们所需要的丰富的矿产资源。如在海岸带的砂质沉积中就富集有石英砂、金、铂、金刚石、铁砂、锡砂等，以及含有稀有元素的锆石、金红石和独居石等，它们在海岸带富集成滨海砂矿。在浅海沉积层下面的岩层中，还蕴藏

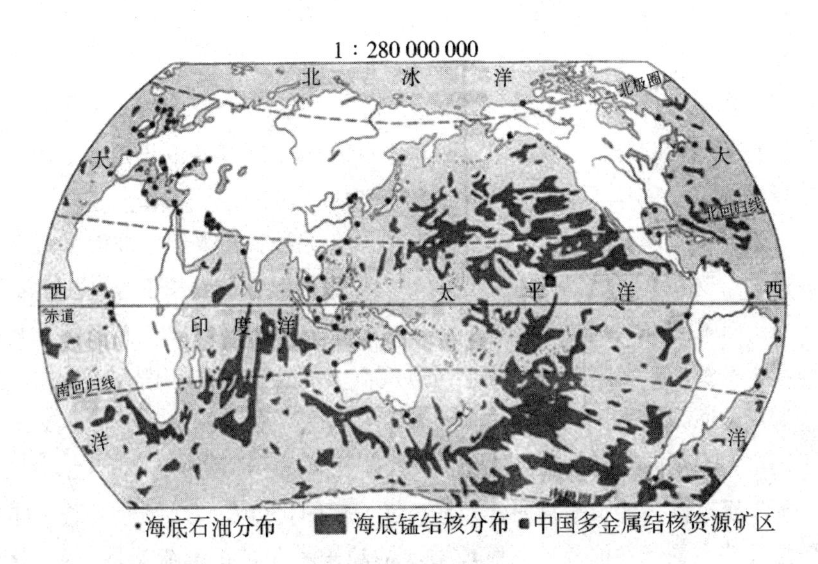

深海石油和锰结核分布图

着极为丰富的石油、天然气、煤和硫等。在深海沉积的软泥中，有含锰或铁的结核（或叫矿瘤），在锰结核中，除含锰外，还含有铁、镍、钴、铜等多种金属。

海底有这么多的矿产，可是它们都是打哪儿来的呢？

海底矿产的形成主要有 3 个方面，即机械沉积作用、化学沉积作用和生物化学作用。

海洋与陆地有着密切的关系，海底沉积物大都来自陆地，陆源物质是海底矿产形成的重要来源。

陆地上的河流挟带着砾石和泥沙流到海里，随着水流速度变缓，水力搬运能力减小，被搬运的物质就会逐渐沉降下来，重的和块儿大的先沉，轻的和块儿小的则被搬运得远些。河流就像一条条“驳船”，从陆上川流不息地向海洋搬运着泥沙，这种搬运一直在不断地进行着。有人估计每一分钟陆地上便有 3 万立方米的泥沙被搬运到海里。我国黄河每年平均搬运入海的泥沙可达 10 亿吨左右，渤海湾的海岸主要就是由黄河、海河、辽河等河流搬来的泥沙形成的。

海浪有着巨大的力量，它不断地冲刷着岸边的岩石，把破碎的石块卷走。

海浪中还挟带着砂砾，一起向海岸冲击，这种力量对海岸和海底的磨蚀和破坏都很大。近岸的海浪就像无数的“凿岩机”在夜以继日地工作。

风的搬运力也很大。如我国北方，冬春之际，西北风大作，它将大量的泥沙，从陆地吹向海里。风就像一架架“运输机”，源源不断地把陆上的沙土运送到海里。

通过河流、风、浪搬运到海里来的砾石、泥沙，还要经过波浪、海流等巨大的“分选机”的分选。在一定的外力作用下，各种颗粒不等、比重不同的矿物，沉积在一定地段和区域，形成矿物的富集，这就成为人们可以开采的海洋矿产资源。我国沿岸一些地区发现巨大的钛铁砂矿和锆石砂矿，就是因为海岸的原生岩石中富含这些砂矿矿物，经过磨蚀、搬运、分选而又按比重不同富集起来的。这些就是机械沉积成矿。

河流里有许多细小的物质，如铁、锰、铝的化合物，好像稀米汤一样呈胶体溶液状态悬浮在河水中。胶体溶液的粒子不是带正电荷就是带负电荷。然而这种情形不是固定的，当河水流到海里，物理化学条件发生了变化，碰到相反的电荷，它们就中和吸附在一起，变成较大的颗粒，“体重”增加了，就慢慢沉淀下来。

还有许多物质溶解在海水中，例如氯化钠（食盐）、氯化钾等。但是在一定的温度下，一定体积的水能溶解各种物质的能力是有限的，超过了限度，在化学上叫做过饱和。当海水处在接近封闭的海湾（又名泻湖）里，在阳光的照射下，产生强烈的蒸发，单位体积的水分少了，相对盐分则增多了。超过溶解能力的盐类，便慢慢地结晶出来。

铁、锰、铝的化合物及盐等物质沉淀到海底以后，上面像盖被子一样，蒙上一层新的沉积物，经历相当长的时间后，便成为钾盐、岩盐、石膏以及铁、锰、铝等矿产。这些就是因化学沉积作用而形成的矿产。

石油和天然气主要是由生物化学作用形成的。在海洋中生活着数不胜数的生物，其种类之多，数量之大，繁殖速度之快都是非常惊人的。它们当中有生活在海底的珊瑚、石灰藻、软体动物等底栖生物；还有悬浮在海水中的抱球虫、翼足类、放射虫与硅藻等浮游生物，这些是形成石油的主要原始物质。另外，由河流带来的陆源物质中也含有大量的有机质。这些生物的遗体和有机质在缺乏氧气的沉积环境中，逐渐沉积并被埋藏起来。在一定温度、

压力下，加上细菌活动、放射性元素和接触剂等因素的作用，在适当地质条件下，经过漫长时间，就形成石油和天然气。一般在浅海区的大陆架，海湾和泻湖是最有利于石油生成的区域。另外，有些矿产是在陆地上形成后，由于海陆变迁而埋到海底，如煤就是这样。

海底矿产的这 3 种形成过程不是截然分开的，这里只是介绍了形成过程中起主导作用的因素而已。此外，海底岩浆作用、变质作用也能形成许多内生矿床，例如磁铁矿、钛铁矿、金属硫化物等。

内生矿床

内生矿床是指由内生成矿作用形成的矿床。内生矿床既可由岩浆作用形成，也可由汽化热液作用形成。除了与火山、热泉等有关的内生矿床产于地壳表层外，其他的都产在地下一定深度，是在较高温度和较大压力条件下形成的。内生矿床主要分三类：岩浆矿床、伟晶岩矿床、汽化热液矿床。内生矿床分布比较广，经济价值大。

海底油库——大陆架

大陆架位于浅海地区，这里是地球上海陆变迁最频繁的地区。在千百万年的地质时期中，地壳不断升降，富含石油的岩层几历沧桑，有些上升为陆地。今天，在陆地上找到的油、气田中，有一部分就是这样形成的。可见，海洋和内陆湖泊本来就是石油的“故乡”。所以，在海底找到大量油、气藏，是毫不奇怪的。

但是，为什么在偌大的海洋里，只有大陆架区域才有丰富的油、气藏呢？这是由于大陆架地区的水生生物最丰富。

在大陆架浅海区，由于海浪、海流、潮汐等作用，上下搅动着整个海水层，使整个水层的温度相差很小，空气含量也充足，再加上水浅，阳光几乎可射透到海底，造成了海洋微生物生长的良好环境。又由于这里离陆地很近，从陆上河流不断送来大量的有机物，为水生生物提供了丰富的食物，所以，在这里繁殖着的海洋生物，远比深海区要多得多。大陆架的面积在整个海洋中占的比例虽不大，但水生生物竟为开阔深海区生物总量的15倍。

另外，大陆架保存生物遗体的条件比较好，也是这里易于形成油、气的重要条件之一。在深海中，生物尸体向海底沉降的路程漫长，在下沉途中常被氧化或被其他生物吞食，能沉到海底的所剩无几。但在大陆架浅海区，水深只有几米到200米左右，仅及深海的1/50～1/100，生物尸体可以较快地沉到海底，不致在途中被氧化或被吞食。同时，由于河流、风、冰川的作用，从陆地带来大量泥沙，会把生物尸体掩埋起来。例如我国的渤海，每年从黄河、海河、辽河注入的泥沙总量高达16.6亿吨左右；长江每年输入东海的泥沙也约5亿吨。而且携来的泥沙中还富含大量有机物，更为大陆架区域形成石油的原始材料锦上添花。泥沙的掩埋，使生物尸体与空气隔绝而不易被氧化，从而造成了有利于有机质分解变化的还原环境。所以，在大陆架沉积物中，有机质含量一般为2%～3%，而在深海中仅1%。

再者，大陆架地区贮油条件也十分优越。这是因为这里地壳长期以来下降的快慢不同，所以从大陆河流输来的沉积物在这里沉积的颗粒大小也随之变化。某一时期沉积了细小颗粒的黏土，它们会形成致密的难以透水的页岩或泥岩层，是良好的生油层，另一时期可能又会堆积粗粒砂，而成了孔隙众多的砂岩，构成了理想的贮油层。随着这里的地壳升降变化，地下也就形成了粗、细不同的岩层。

大多数大陆架是典型的“三层结构”，即表层、中层、底层。底层是大陆架的基底，它们都是古老的火成岩或变质岩，一般也把它叫做“岩盘”。表层是覆盖在上部并一直出露在海底的沉积物，多是近代的沉积，又不受高压，所以形不成岩石，仍是砂、淤泥、生物碎屑等松散物质。中层是覆盖在表层之下，座于岩盘之上的沉积岩层，油、气藏就在这层之中。这层主要是新生代的沉积层，有的地区也包括中生代的沉积层，这些沉积层由于受到上覆巨厚沉积物长期压力的作用，成为固结或半固结状态的岩层，如砂岩、页岩、泥岩、泥灰岩、石灰岩等等。世界上各地大陆架的中间层差别很大，这种差别取决于各大陆架地区地壳运动的情况。现代大陆架及其附近地区，又叫大陆边缘，它们的地质活动历史都可分属于截然不同的两种类型，一种是稳定

的，另一种是活动的。在长期稳定的大陆边缘地区，沉积物不多，中间层很薄，这里不大可能形成油、气和油、气藏。对于活动的大陆边缘，又有长期上升和长期下降两种情况。在那些长期上升、处于长期侵蚀环境、至近期地质时代才下降为大陆架的地区，常常中间层缺失或很薄，因此这里也难以找到有开采价值的油、气藏。而那些长期处于连续下降的大陆边缘，中间层则非常厚，有的几千米，还有的达万米以上，由于轻微的构造作用，在这些中间层里又富有各种贮油构造。所以，这里是真正的“海底油库”。

通过以上分析，可知大陆架区域不但有丰富的生物条件、良好的还原环境，还有理想的贮油构造，所以它得天独厚，蕴藏了大量的油、气。据分析，1 立方千米的沉积物中所含的原油多者可到 25 万吨以上。由此可以推想大陆架区域油、气资源是何等丰富。在全世界大陆架中，沉积盆地占了 1/2 以上，约有 1500 万平方千米，其中有希望含油、气的面积有 500 多万平方千米，估计贮量占全世界石油总贮量的 1/3 以上。

上面只是大陆架的情况。在大陆坡区域，由于坡度较陡，条件不如大陆架优越，但是，从生物条件、还原环境、贮油构造等各方面看，大陆坡也是有希望的地区，并且，海上石油勘探的实践已证明，在这个区域确实有油、气存在。

综上所述，可知大陆架是名副其实的海底油库。另外，如果和陆地的油、气藏相比较，海底油、气藏更有它特殊的优点。主要是油层厚度大，埋藏深度浅，岩性比较单一；又由于贮集油、气的多是比较新的中生代到第三纪的地层，所以比较疏松，宜于钻进；还由于形成贮油构造时，所受的构造作用力主要是海底扩大的张力而不是挤压力，因而地质构造也比较完整，受的破坏不大；更由于地表为海水所淹没，所以，油层能量一般较大。

我国海域蕴藏的油、气资源

我国海域辽阔，渤海、黄海、东海的大部分以及南海沿陆地边缘部分，都是大陆架浅海区。我国大陆架的面积占世界大陆架总面积的 1/20，在这个广阔的浅海海域，蕴藏着极其丰富的油、气资源。

我国的大陆架海底地形和大陆一样，西高东低，总的趋势是由西北向东南倾斜。渤海、黄海、东海的海底地形，都比较平坦，缓缓向东南方向倾斜，直到台湾省以东才骤然变陡，海底降到2000米以下。南海是一个比较深的封闭盆地。除南海外，其他各海都不算深。因此，我国海域按形态特征、水深状况以及与大陆地形的关系来说，大部分都属于大陆延伸的大陆架浅海区。

在地质构造上，我国的大陆架都属于陆缘的现代拗陷区，是大陆地质构造被海水淹没的部分，主要是由中生代到新生代的地壳运动所形成。

渤海大陆架是整个华北沉降堆积的中心。绝大部分地区的新生代地层厚度大于4000米，凹陷最深处达7000米，是相当厚的海陆相交互层，周围陆地的大量有机质和泥沙沉积在其中，而浅海区的沉积又是在新生代第三纪适于海洋生物繁殖的温暖气候下进行的。所以，非常有利于油、气的生成。渤海中的隆起和断裂构造发育，这些断裂是油、气运移和聚集的通道，同时又可以形成油、气圈闭构造，因此，渤海大陆架是油、气富集的地区。

黄海浅海区位于我国大陆与朝鲜半岛之间，由于中部隆起，分为南北两个拗陷，即北黄海与南黄海。北黄海的地质情况与渤海相似，但沉降幅度不及渤海大。其东南部的盆地中可能堆积有较厚的老第三纪含煤、石油、天然气的沉积层。南黄海拗陷更深，海相地层更为发育，沉积着深达5000米以上的新生代地层，其中的隆起和断裂构造发育，对油、气的生成、贮集都是有利的。

东海位于我国大陆东南和台湾省以及日本的九州、琉球群岛之间，整个海区中，大陆架占了2/3。东海的海底地形与我国东南沿海地区的地形总的特征近于一致，自西北向东南倾斜，在近浙、闽两省海岸地带，水深大都在40米以内，但东南边缘濒临深海，至台湾省以东，水深自两百米急剧加深到1000~2000米，形成北东—南西向的海沟，构成东海与太平洋的天然分界线。在整个东海大陆架，新第三纪沉积层发育，并有向南逐渐加厚的趋势，到台湾省北部，厚度达2000米以上。其岩性比黄海复杂，有海相、海陆交互相沉积，这给第三纪的油、气生成带来了更有利的条件。从地质构造上看，在第三纪地层中，广泛发育着背斜和向斜构造的褶皱带，为形成贮油构造创造了良好条件。我国钓鱼岛周围盆地中丰富的油、气，也是在新第三纪地层中。可见东海的新第三纪至更新统地层油、气含量相当丰富。当然，在老第三纪及中生代地层中也富含油、气。

南海位于我国东南大陆、南洋群岛、中南半岛之间。南海大陆架较东海窄些，外缘深度不超过200米便有一明显坡折，过渡到大陆坡，而大陆坡又以断块形式过渡到大洋底。南海大陆架新生代地层厚度约2000～3000米，其中第三纪的沉积有海相、陆相及海陆交互相，在这里，蕴藏着丰富的油、气资源。

在我国辽阔的海域下面，是新生代以来长期缓慢下沉的浅海盆地，沉积着2000～5000米厚的第三纪含油、气地层，具有良好的生油层和贮油构造。蕴藏着十分丰富的油、气资源。

我国的海洋油气资源

我国近海已发现的大型含油气盆地有10个，分别是：渤海盆地、北黄海盆地、南黄海盆地、东海盆地、台湾西部盆地、南海珠江口盆地、琉东南盆地、北部湾盆地、莺歌海盆地和台湾浅滩盆地。已探明的各种类型的储油构造400多个。根据科学家估算，我国的海洋石油储量可达22亿吨，天然气储量达480亿立方米，而且各个大海区不断有新的油气田发现。

锰结核的探查和开采

锰结核矿是一种分布在水深4000～6000米大洋海底的矿物，含有镍、铜、钴、锰等76种元素。据科学家计算，世界大洋锰结核矿总储量可达3万亿吨，仅在太平洋就有近2万亿吨。如果太平洋锰结核矿全部开采出来，按目前人们每年耗量计算，锰的产量可供全世界用1.8万年，镍可用2.5万年，钴可用34万年，铜可用900多年。另外大洋锰结核还在不断生长，其增长率仅太平洋每年即1000余万吨。这些数字告诉人们，锰结核的价值，远远高于其他矿物，是大洋底下最大的“金娃娃”。

1872年英国海洋调查船“挑战者”号在海洋学家汤姆森教授的率领下，从英国希尔内斯港出发，驶向茫茫的大西洋。1873年2月18日，“挑战者”

锰结核

号航行到加拿大利群岛的费罗岛西南大约300千米的海域作业，他们用拖网采集海底沉积物样品时，偶然发现了一种类似“土豆”似的鹅卵石，他们当时弄不清这是什么东西，有何价值，没有想到沉睡在深海亿万年的珍宝让他们发现了。当时只是当成一种沉积物的样品保存着。可是1873年3月7日，他们再次从拖网中发现了这种奇怪的海底“土豆”。

“挑战者”返航之后，汤姆森怀着好奇心，把海底“土豆”送给地质学家和化学家，想弄清到底是什么神秘之物。有人说是化石，但化学家布查南不同意这种说法。经过简单化验后，他发现这种奇特的“土豆”形物，基本上是过氧化锰和氧化铁组成。因此，布查南在给他父亲的信中写道：“含有锰、铁的凝结块，具有很高的经济价值，它在海底的发现和它在海底生成的确凿事实可能成为地质学上重大事件。”

1882年，约翰·默里爵士和地质学家阿贝·雷纳德教授系统地对这些海里捞出来“土豆”形样品进行研究。9年后，他俩发表了详细报告，正式把这些海底“土豆”形物命名为“锰结核”。

继“挑战者”号发现锰结核之后，美国地质生物学家路易·阿加西斯领导的考察船“信天翁”号，分别于1899—1900年和1904—1905年进行深海调查，同时对太平洋的锰结核进行了广泛调查，发现太平洋东南部有高富集的锰结核分布带，并绘了太平洋东南部锰结核分布图。当时由于陆上锰矿丰富，开采方便，没有人想要到深海中开采，技术力量也没有达到这个水平，因此，这些海底的“金娃娃”沉睡着。

20世纪50年代以后，向海洋取重要资源在工业发达国家提上议事日程。美国的“顺风”号、前苏联的“勇士”号为代表的调查船，开始注意到锰结

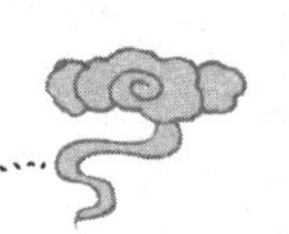

核，进一步揭开了太平洋锰结核富集的情况。许多科学家也对锰结核发生了兴趣，加强了研究，了解了锰结核除了含有大量的锰、铁之外，还含有铜、镍、钴等多种金属元素，它们比陆上同等矿石的开采品位还要高。在许多研究锰结核的科学家中，最杰出的是美国的梅罗教授，他对锰结核的出色研究，首次对太平洋蕴藏的锰结核进行了评估，继而1965年全面确定了世界各大洋锰结核的分布密度和经济价值。这样，锰结核矿就成了一种具有开发价值的宝贝，是人类未来的一种新的深海能源。

锰结核形状像“土豆”，可它里外是一种颜色，都是黑色的，中间有个由生物骨骼或岩石碎片构成的核。如“挑战者”号1874年10月在南太平洋4760米海底采集到的锰结核，核心是已灭绝的古代鲸的耳石；核心外面是一圈一圈的包裹体，有点像洋葱头，又有点像树干的年轮。

多数锰结核的形状呈块状，有的浑圆似鹅卵石，有的像贝壳，还有的像一串串葡萄，只有少数锰结核形状不规则。它们的个头大小差异也很大，小的如沙粒，大的如巨石。在菲律宾以东海域，曾打捞出一块巨大的锰结核，重达850千克，像头小牛。

锰结核颜色除黑色外，也有其他颜色，成分含量不同，颜色有变化。含铁成分较高时，多为红色和暗红色。锰的含量高时，就黑色或蓝色。多数锰结核表面模糊不清，但也有透明度好的。如美国东海岸外布莱克海台采集到的锰结核，有着玻璃一样的光泽。

根据锰结核像树木年轮的同心层，可以推测出锰结核各层生长的年代和生成的速度。各海区的锰结核生长的速度也不一样，其中北太平洋、南极海域和南太平洋的锰结核生长速度相对要快些。总的说来，锰结核生长速度是极其缓慢的。一般100万年才能生成几毫米至几厘米。

这些年经过科学家反复精密定量分析，已经弄清锰结核所含的金属达30余种，其中有20余种有开发价值。锰、铁、镍、钴、铜等主要金属元素以氧化物的形式存在于锰结核各层内。除此之外，还有许多微量元素，其中铀、钍、铌、铈、锗、镉、铍等元素富集浓度，比海水中的元素浓度高100万倍。各金属元素的含量显示出区域的变化，不同海区、不同深度的锰结核金属含量各不相同。太平洋的锰结核普遍比大西洋、印度洋的锰结核富含铜、钴、镍；越接近陆地的地方，铁、钴、铅的含量越大；越靠近海岸和岛屿，锰、铜、镍、锌、钼含量越小。

那么锰结核在海底到底是怎么形成的呢？这个问题尽管讨论几十年了，但至今没有完全解开这个谜底。目前科学家主要在3个方面进行研究：1. 谁是锰结核金属元素的供给者？2. 锰结核的沉积地点和分布规律是怎样的？3. 锰结核的生长机理是什么？

关于第一个问题，科学家认为供给源有4种形式：①大陆架或岛岸上的岩石风化后分解出的金属离子，被风或河流带入海洋；②是海底热液，海底岩石的分解作用可以为锰结核供给所需的金属元素；③海水是巨大的供给源，因为海水里含有多种金属元素；④宇宙尘埃等物质落入海中，也能形成锰结核的元素供给源，尽管它的数量不大。

这些金属元素通过各种不同的搬运方式，聚集到形成锰结核的“核心”上，经过漫长岁月，最后形成了锰结核。在研究这些金属元素搬运方式上，科学家们没有多大争议。然而对生长的机理，科学家们就存在较大的争议和分歧。

联合国规定，公海底下的财富是全人类所有，任何国家勘探到矿产都可申请开发权。这些条款看起来很公道很公平，哪国都可以到大洋中弄财富。但深海勘探和开发不是轻而易举的事，它是依附在财力和科技力量这个后盾上的。谁有财力，谁拥有高科技，谁就会先发现大洋底下财富，谁就会拥有开发机会。因此西方工业国家动手早，先占便宜。寻找锰结核矿，已经成他们抢占“高地”的行动。

锰结核矿在大洋中分布很广，这是事实，但以太平洋的品位最高，储量规模最大，主要集中在美洲到马绍尔群岛一线，南北宽约800千米的地带，总面积约1800平方千米。其中北太平洋地区最为富集，即北纬60度~北纬20度，西经110度~180度的区域。据计，该区约有600万平方千米，高品位的锰结核矿非常密集区，其覆盖面达90%以上，每平方千米有9000吨锰结核。因此，人们把这片海域称为“超级海底地毯”，也有人叫“锰宝盆”。

在大西洋，最引人注目的是北大西洋西南角和佛罗里达以东的一片红色黏土区，平均水深5000余米，锰结核的密集度和金属元素含量较高。这个区域离美国较近。具有较方便的开采条件。此外，俄罗斯也曾在北大西洋东部发现了锰结核的富集区。南大西洋的中部和东部，锰结核也比较丰富，锰的含量高达30%。

印度洋也有丰富的锰结核。澳大利亚西部的海盆中锰结核异常丰富，其密集度每平方米可达 50 ~ 70 千克。中印度洋底山脉附近，锰结核也很丰富。

许多国家成立了研究机构，专门从事锰结核开发和研究工作，并组织十几个国际性财团，不惜投入巨资。

锰结核勘探和开发有一个突出优点，矿物多分布在洋底沉积物的表层上，所以调查时，可用装有照相机或录像机的水下电视系统，作为了解海底锰结核厚度和分布的有效手段；另一种是直接获得样品，用间接手段测定锰结核富集度和品位等，但使用这种手段费时费工，效率低。日本、德国、法国已将声波探测技术应用于锰结核的调查。

德国的海洋调查船“瓦尔迪维亚”号，在北太平洋夏威夷东南的面积约 20 海里 ×20 海里进行反射地震调查。日本“白岭丸”在北太平洋进行声波探测。它们在北太平洋声波勘探的结果，发现声波层序和锰结核分布之间有着有机联系。在使用 3.5 千赫的海底浅层部面仪和人工地震探测，前者可获得海底沉积层上部 100 米厚的剖面，后者可获得玄武岩基底之上的全部地层剖面。根据这些资料，锰结核富集度与地层厚度密切相关。锰结核富集度大于 10 千克/平方米的地区，都是在厚度小于 50 米的地区；而大于 50 米的地区，锰结核比较贫乏。因此，使用这种方法在哪些缺少取样和海底照相资料的海区，对进一步确定调查目标，选择直接勘探区域是完全有好处的。

美国在深海锰结核勘探、试采加工处理等技术方面，均处于领导地位。早在 1958 年的国际地球物理年会期间，斯库里普斯海洋研究所就对大洋锰结核进行过调查。1962 年以来，美国深海探险公司、肯尼科特铜公司、大洋资源公司和萨马公司便从事锰结核的调查与勘探。20 世纪 70 年代初期，美国开始实施“国际洋底铁锰沉积矿产研究计划”，对各大洋进行了调查，特别是对北太平洋锰结核富集带。1978 年，美国拉蒙特—多尔蒂地质研究所，综合了大量调查资料，出版了“海底沉积物及锰结核分布图”。目前，美国对世界大洋海域锰结核的普查工作已结束，现已进行到详查和试开采阶段。

经过 10 余年的努力，人们的锰结核调查和勘探技术日臻完善。从早先的拖网、取样管和抓斗等，已发展到使用相机、深海录像电视系统，以及光学、电学、声学设备，采用无缆取样等等新方法。美国、英国、日本、加拿大、比利时、荷兰、德国等，凭借已掌握的优势技术，试图抢先开采属于“人类共同遗产”的大洋矿产资源。第三世界国家也很焦急，为了维护海洋权益，纷纷购矿产船、研究矿产设备，积极投入大洋锰结核勘探和开采。以美国为代表的少数国家，将其技术力量转移到开采技术难度较小，国际纠纷较少的海底热液矿开发上。热液矿和钴壳矿一般水深 800～2400 米，比锰结核浅，效益较高，含金属元素丰富。

我国在勘探和开采大洋锰结核方面已迈出可喜的一步，取得一些成绩。1979 年，“向阳红 5 号”海洋调查船在太平洋赤道海域考察，从 4000 米和 5000 米深海底采集到锰结核标本，填补了我国空白。1983 年，“向阳红 16 号”船采用我国自制采集的设备，在西北太平洋 5000 米水深的海底，采集了较大数量的锰结核，最重一块 2.9 千克。调查面积 80 万平方千米。1991 年 8 月，联合国国际海底管理局筹委会，已批准中国为国际海底矿产资源开发的“先驱投资者”，允许在东太平洋拥有 15 万平方千米的海底资源开采权。

据有关方面报道，中国在东太平洋勘查面积达 200 万平方千米，圈出有开采价值的申请区 30 万平方千米，锰结核储量达 20 亿吨。

1986 年以后，我国自制成功“水下机器人”，到 1995 年就应用到深海调查中去，应用数据传输和图像压缩先进技术，获得了清晰的海底锰结核录像和照片。“水下机器人”已可在 6000 米海底进行勘测。并研究出利用“水下机器人”采矿的两种模型样机。这两台集矿机试验集矿效率达 85% 以上。一些科研单位对锰结核破碎、粉化特性以及提升过程中的损失等进行试验。对选矿和冶炼工艺进行了改进和创新，可同时收回铜、钴、镍、锰、铁 5 种金属，回收率达 90%。这些深水采矿设备以及冶炼工艺研制成功，为我国开发深海矿产资源打下了坚实基础。

据专家们预测，2020 年我国将形成深海采矿业，并具有年产锰结核 300 万千克的能力。

海底岩石

海底岩石是指在海底或洋底固结了的坚硬的岩石，它往往处在松散或松软的海底沉积物之下。海底岩石种类繁多。主要包括：（1）大洋沉积岩。是

大洋沉积物凝结硬化而成的。这些沉积岩有砾岩、砂岩、页岩、泥质岩、石灰岩和生物礁灰岩等。(2) 海底岩浆岩。地壳运动，海底扩张，板块碰撞和俯冲以及断裂等作用，使地幔深处的岩浆喷发，形成岩浆岩。它主要分布在大洋和海底的张裂带。(3) 海底变质岩。变质岩就是原来的沉积岩或岩浆岩经过地壳运动，在高温高压的影响下，引起性质上的变化而形成的岩石。

热液矿的探查和开采

1979 年的春夏季节，美国的深潜器“阿尔文”号在太平洋海岭上进行调查探险。那天他们在北纬 21 度，水深 2700 米的东太平洋海岭上，科学家们被一个海底奇特现象惊住了：海底耸立着几个大“烟囱”，一股股“黑烟”和“白烟”不断地咕腾腾冒出来。其实科学家们明白，这些“黑烟”和“白烟”不可能是真的烟，而是一些超临界状态的高温热水。他们迅速把温度计投放到那些“烟囱”附近，想测出到底有多热。可是当人们把温度计拉上来时，发现那根镶嵌温度计的塑料管子却已被熔化了，温度计所显示的温度早已远远超过所能测定的范围，使在场的科学家万分惊讶。据调查“黑烟”温度在 400℃以上，“白烟”略为低点。

那些喷吐着高温热水的“烟囱”，有规律地排列在海岭中央长达几千米的海底，在“烟囱”的周围还堆积着各种各样块状金属硫化物。这是因为高温热水中含有的铁、锌、铅、铜、银、金、铂等多种元素，在从“烟囱”喷出来的瞬间，遇到寒冷的海水，析出沉淀的结果。这种种现象引起科学家们的兴趣。

机械手对黑烟囱进行勘探

更为有意思的是，在高温热水的喷口附近，生活着多种奇特生物组成的生物群。最为引人注目的是一丛丛密集在一起的管状蠕虫，有的长达 4 ~ 5 米，像一根根下白上红的大塑料管子，在水中不停地摆动。

此外还有红色的蛤，没有眼睛的蟹，蒲公英状的水母。

在这之前，科学家对海底热水和奇特生物群也有所发现，但没有“阿尔文”号这次发现的如此集中，温度也最高。科学家分析说，从海底喷出热水现象并不是孤立的，这种现象跟地壳内的热运动有关。根据板块学说，地球内部的岩浆沿着大洋中央海岭的裂谷上涌，到达表层后冷凝成新的洋壳向两侧扩张。如果这个假设是正确的话，那么在中央海岭的脊峰处热流量应最大，然后随着远离中央海岭，热流量渐减。但实际调查的结果并不跟这个假设理论相符，脊峰处最高，而侧热量却突然急降。这种与假设理论不相符的现象，在其他地方也相同。不过奇怪的是，离开中央海岭远到一定距离后，实测热量与理论值接近了。有位美国地理学家说，这是因为海岭及其附近，由于海水侵入地壳，吸收了大量热量，又重新喷出海底，从而把热量带到海里的缘故。离开海岭越远，海底不易透水的沉淀层就越发达，把地壳与海水隔开，地壳内的热量就只能以传导方式进行，所以测得实际值跟理论值一致。

1981 年美国在东太平洋距厄瓜多尔约 500 千米的海底，又发现热液矿。它处在 2400 米的海底，在长 1000 米、宽 218 米、厚 43 米的范围内，储藏量可达 2500 万吨。采集到最大的矿石中，有一块 100 千克。对这些标本进行化验表明，富集了铜、铁元素，还含有钼、钮、银、锌、镉等元素。初步估算，这个矿床的经济价值至少在 20 亿美元。

美国过去对锰结核投入很大的财力和物力，目前转向了热液矿床上的开发上。原因是：其一，热液矿水较浅，在 3000 米以上处，而锰结核都处在 4000 米以下。其二，单位面积产量高，要超过锰结核千倍，含有贵金属也多，具有更大诱惑力；其三。陆上有与热液矿相似的矿床，金属提炼方法成熟，技术难度小；第四，太平洋大洋中脊的位置离美国近。总之，美国对热液矿发生了很大兴趣，加强了研究，获得一些成果。

1993 年以来，我国海洋科学工作者对热液矿床也加强了勘测和研究。研究的海域涉及大西洋中脊、东太平洋海隆、马里亚纳海盆以及冲绳海槽等著名的现代海底热液活动区，并取得一批研究成果，为将来开发海底热液矿产打下基础。

随着陆地资源越来越少，科技越来越发展，开采深海热液矿就会同开采海底石油和天然气一样，规模越来越大，沉睡的热液矿床不久将为人类造福。

钴是一种重要的工业原料，用来制造特种钢和超耐热合金，也可以作玻璃和瓷器上的蓝颜料，同时也是一种重要的医药原料。海底钴矿集中在800—2400米深处海底高原的斜坡上，大多离陆地不远的海域。以太平洋为中心，各大洋的海底均不同程度地蕴藏着钴矿。其中仅在美国西海岸的200海里的海域，蕴藏量就达4000万吨，足够全世界使用上千年。

可燃冰的探查和开采

神奇的水合物“可燃冰”，被科学家誉为“人类未来的能源”。据科学家的估算，世界海底含有的尚未开发的这种晶体“可燃冰”足够供应全世界对电力需求达数百年。在海底沉积岩里以水化物形式存在的“可燃冰”约达10万亿千克以上。

最早发现这种水化物的是科学家汉弗雷·戴维，时间在1810年，当时在试验中发现了水化物，是一种晶体，像冰，燃烧后变成了一摊水。但戴维根本不知道海底会有这种矿物。到了20世纪90年代，前苏联科学家，在西伯利亚永久冻土带，发现了这种“可燃冰”。当时被火柴点着后，燃起蓝色火焰，后留下一摊水。这引起科学家的兴趣，研究后证明，“可燃冰”是一种天然有机气体——甲烷、乙烷等，与水的化合物，因此被人们称为“水合天然气”、“晶体天然气”，“可燃冰”。

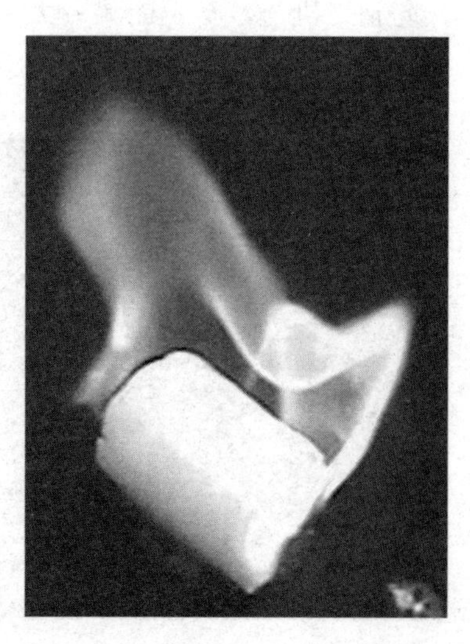

可燃冰

前苏联的科学家从冻土想到海底，预言海洋底层一定蕴藏着丰富的水合天然气。他们有什么科学根据呢？主要有3条理由：第一，在很深的海底，太阳光完全照射不到，温度很低；第二，上面覆盖着海水的重量，使海底沉积物受到很大压力；第三，海底沉积物中含有丰富的动物和微生物遗体，这些遗体可大量分解成甲烷、乙烷。只有存在这 3 个条件下，这种“可燃冰”才有可能成为晶体状存在。

科学家对前苏联科学家的预言很感兴趣。海洋钻探船——“挑战者”号，首先证实了以上预言，他们在世界海洋中通过钻探，已有 43 个海区的海底沉积物中，有大量水合天然气蕴藏着。这些海区分布在大陆斜坡上，这些斜坡水深都在 300 米以下，而且海底沉积物较厚，跟有机物很丰富有关。科学家分析，世界海洋中有 10% 的面积有生成和储存水合天然气条件。

水合天然气一般产于水深 300 米以下的海底沉积物中，在沉积物上层 100 ~ 300 米处。过深的深度，由于地热增温，会使水合天然气分解。水合天然气既可充填在松散的孔隙中，又可单独构成坚固的壳层，在壳层以下的沉积物中常有大量气态的天然气。

1996 年，以英国为首的 16 个国家出资建造一艘科学考察船，到美国北卡罗来纳州附近大西洋海域进行钻探。在 100 平方英里（1 平方英里≈2. 59 平方千米）内，就发现甲烷储量是美国目前每年消耗量的 20 倍。如果世界人类能从海底开发出这种水合气体的千分之一，就足以满足各种能源的需求。其中包括飞机与汽车，能无穷无尽使用上千年。因此它是未来世界的能源大仓库。

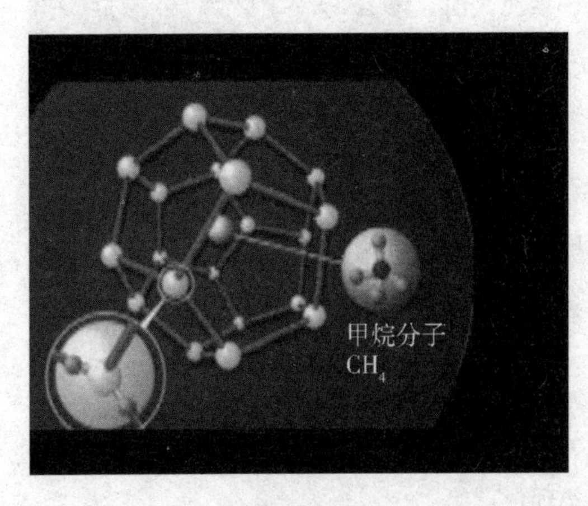

可燃冰结构

气体又为何成为“可燃冰”呢？这是海底压力增大到一定程度，海水温度降到一定程度，才能使气体变成晶体——可燃冰，它是一种稳定存在的状态。

发现海底“可燃冰”，为人类解决能源危机指明了出路，这无疑是一件大喜事。但是，要从海洋深处把水合天然气开采出来，为人类所用，是一件十分困难的事。因为无论通过

增温还是降压，使水合天然气分解，都要消耗大量能量。

俄罗斯在这方面进行了尝试。他们在西伯利亚的梅索亚哈气田进行了成功实验。这个气田在背斜构造上，储气的地层是白垩纪砂岩。气田中的一部分天然气钻断裂迁移到近地表松散沉积物中，由于西伯利亚低温和地层中的压力，天然气与水结合成水合天然气。水合天然气充填于松散沉积物的孔隙中，形成了封闭的壳层，壳层之下为气态的天然气藏。经过多年的开采，自由天然气藏的压力降低，当压力降到水合天然气稳定压力以下时，水合天然气被分解，分解出来的天然气加入到自由气藏中，使下部气藏保持稳定压力，从而延长了气田的寿命。现在，这个气田开采出来的天然气，已完全由水合天然气分解来提供，俄罗斯气田的成功经验，对世界地质学家是个鼓舞。

事物都是有利弊两面的，水合天然气虽然给人类带来潜在的能源造福人类，但它也是人类活动的不稳定因素，它会像潜伏海底的“苍龙”一样，一旦窜出海面，危害人类。它会使地球温度骤然增高，也会引起突然间的爆炸。

加拿大科学家唐纳德·戴维森最早认识到水合物可能给人类带来某些危害。他指出，百慕大魔鬼三角区制造一桩桩海难怪事，很可能杀手就是水合天然气捣的鬼。那个地区有丰富的石油和天然气，能在海底形成水合天然气。当海底温度升高时，或压力稍为降低时，海底水合天然气崩解，形成天然气呈气泡上升，而上升的气泡带动水流向上，降低了海水对海底的压力，其结果又促使更多水合天然气分解，造成海水翻腾。当船舶驶进这种海域时，比重突然变小，船舶就会无缘无故的下沉。而逃逸到空中的天然气团，漂泊在空中，当飞机进入天然气团时，发动机就会因缺氧而熄灭，驾驶员缺氧而窒息，飞机的灼热尾部可能引燃天然气，使飞机起火或爆炸燃烧。

戴维森这些假设，没有引起科学界的重视，有些科学界权威人士更是嗤之以鼻，当成胡说。可是到1990年在美国召开的科学促进会上，几乎百分之百的人赞成他的假说的科学性，因为百慕大魔鬼三角区的确发现了水合天然气。每分钟可迅速逸出500立方米天然气，在安钻进装置时遇到翻腾上升的天然气，使支撑平衡装置遇到麻烦。

多年来百慕大之谜，今天终于大白于天下。对1908年在西伯利亚发生的那次大爆炸，也找到了新的原因。当时许多科学家认为这次大爆炸是来自天外之因，是陨石坠落撞击地球造成的。但科学家调查结果，找不到陨石坠落撞击形成的大坑，不能自圆其说。近年来科学家把造成这次大爆炸的原因，看成是大量水合天然气逃逸出地表造成的。也就是水合天然气作祟。当然这种看法是不是绝对正确，也没有足够证据，但起码能自圆其说。

由此也得出结论，海底开发水合天然气，要十分慎重，没有绝对的科学把握，不要轻易捅破“鸡蛋壳”而不可收拾，必须在安全有保障的情况下才能取出这种“可燃冰”。

海底可燃冰的形成

可燃冰是天然气分子被包进水分子中，在海底低温与压力下结晶形成的。形成可燃冰有三个基本条件：温度、压力和原材料。首先，可燃冰可在0℃以上生成，但超过20℃便会分解。而海底温度一般保持在2～4℃左右；其次，可燃冰在0℃时，只需30个大气压即可生成，并且气压越大，水合物就越不容易分解，海底可以轻易满足这个条件。最后，海底有丰富的有机物沉淀，其中丰富的碳经过生物转化，可产生充足的气源。在温度、压力、气源三者都具备的条件下，可燃冰晶体就会在介质的空隙间中生成。

金刚石砂矿的探查和开采

金刚石是自然界中最硬的矿物，制成刀具，削铁和泥，制成钻头钻岩如泥，因此被誉为“硬度之王”。它有鲜艳夺目的光彩，是一种贵重的宝石，制成首饰使人顿添珠光宝气。金刚石还可制成拉丝模，拉成的丝可作降落伞的线。细粒金刚石又是高级研磨材料，在机械、电气、航空、精密仪器制造等方面有着广泛的用途。

第一次在海滨砂中发现有金刚石，是在1908年。现已查明，非洲纳米比亚的奥兰治河口到安哥拉的沿岸和大陆架区都有广泛分布，估计总储藏量有4000万克拉（1克拉=200毫克）。在奥兰河河口北面长270千米，宽75千米的地带特别富集，含金刚石沉积物厚0.1～3.7米，每立方米平均含金刚石

0.31 克拉，储量约有 2100 万克拉，1968 年开始开采，每月生产金刚石 10 万克拉。

金刚石

金刚石的最大产地在西南非洲。由于奥兰治河流经含金刚石的岩石区，把风化的金刚石碎屑其中一部分带入大西洋，形成大量金刚砂矿。并在波浪作用下，扩散到沿岸 1600 千米的浅滩沉积物中，形成富集的金刚石砂矿。

海底金刚石砂矿勘探开始于 1961 年，首先在纳米比亚吕德里茨湾附近开采出 4.5 吨淤泥中，找出 45 颗金刚石，总重量 9 克拉。接着又在深 30 米和 90 米的海底发现两条矿带，分布面积 41.2 平方千米，厚从几米到几十米，大约储藏量 1200 万克拉金刚石。吕德里茨湾海底金刚石矿 1962 年就正式投产，年产 21.8 万克拉金刚石。

1978 年南非设计出一种泵吸船采矿法，泵吸船可以直接在海底开采金刚石。开采时，将船开到探明有金刚石富集的海底并放在坑穴区，把含有金刚石的砂砾吸到船上，然后再回岸上，经过淘洗，选矿就可以得金刚石。这种采矿船每天可采回收 500 克拉金刚石。除泵吸船外，南非还有 6 条浮动吸泥船，可在 50 米水深之上作业，生产效率是每天产矿石 15000 吨。纳米比亚有类似采矿船 10 余艘，也用于采金刚石。

金刚石外形多呈有棱角的结晶体，最常见的形状为八面体和十二面体，晶面常弯曲成球面，使整个晶体珍珠似浑圆。纯的金刚石无色透明，在紫外线下显现出淡青蓝色荧光。据说在夜间黑暗中可发出荧光，有“夜明珠”之称。

科学家已经查明，金刚石一般存于水深 0 ~ 40 米之间的砂层中，离岸 0 ~ 12 千米内比较富集，但也有从深海中发现金刚石矿。据报道，有的科学考察船在大洋中脊中发现金刚石的基岩，是个巨大的金刚石矿，这引起海洋地质学家的极大兴趣。

海底基岩矿的探查和开采

大陆边缘和海山地区的海滨下面，有丰富的海底沉积物，形成基岩矿，有煤、铁、锡、重晶、硫黄、钾等等矿物，向人类展示了一个丰富多彩海底矿物世界。

早在19世纪，人类就知道海底蕴藏着丰富的煤。人们最先在陆地上挖煤，之后就从陆地上出发，向海滨及至海底进发。英国在北海和爱尔兰开采海底煤一般在100米水深，英国16世纪就开始了。日本则是从1880年开始，他们在九州岛海底已开始了大规模的采煤作业。

加拿大在新苏格兰附近距岸450～5000米的海域开采煤。在智利海岸也同样开采煤。土耳其在科兹卢附近的黑海中开采煤。英国和日本因陆地煤矿资源不足，因此先在海中寻找，技术和装备也发展较快。现在这两个国家30%左右的煤是从海底煤中获得的。目前各国正在研究用汽化法开采海底煤。

海底硫黄矿很丰富，俄罗斯早就在千岛群岛上发现了有工业开采的海底硫黄矿。

在墨西哥湾，开采海底硫黄矿规模较大。主要是墨西哥和美国。墨西哥的海底硫黄矿年产量达2000万吨，约占墨西哥硫黄总产量的20%。海底硫黄矿开采一般采用钻孔，加热熔融吸取法。

亨波尔石油公司在墨西哥湾格兰德岛附近钻探石油时，在距格兰德岛11.67千米处发现600米沉积层中有个盐丘，在盐丘顶盖下含有大量硫黄矿，面积达数百英亩（1英亩≈4046.86平方米），最厚处约70～80米。不久，弗里波特硫黄公司对格兰德岛硫黄矿床进行开采，井口设备高出海面20米，整个海面平台建筑长0.8千米，每天耗费38.8万立方米以上的天然气，以运转热水设备和涡轮式发电机。由于平台面积小，人员住所少，靠直升机送运人员和物资。

地质学家早在1963年就在波罗的海发现一个大海底钾矿，所含的成分，只要作不太大的加工，就能直接作肥料。波兰人在海底挖5千米长的坑道通到陆地上，尔后进行自动化开采。在一个中心控制室由专家操纵，人们只要检查这些自动仪器的操纵情况和进行修理就可以了。英国纽克郡钾盐矿是海

底基岩矿，该矿离岸 8 千米，矿脉深度在海底 356.7 米处，矿层厚度为 22.87 米，入口为岸口竖井，挖掘的方法采用峒室和矿柱作业法。

1960 年，英国的路易斯安那海滨，距岸边有 10 千米左右的海中，发现了一个硫原料矿。海底硫矿多采用陆地采矿技术，先钻一个孔，钻到储硫层，然后用一根 25 厘米粗的钢管插进去，在这个钢管里插入一根直径 15 厘米的钢管，在这里面再插入一根直径 7.5 厘米的钢管。通过较外层的管道压入 170℃的热水，热水通到管底足的上部进入硫矿层，这样便使硫熔化。熔化的硫就会流到最底部位，通过管底足的下部开口流进管道，内管通入压缩热空气，用这种压缩热气的力量通过中间管道连同水一起从下面压上来。压出来的硫是液体状态，按这种方法获得的硫纯度能达到 99%。

1873 年英国“挑战者”号在非洲南部阿古尔赫斯·班克海域，从海底一网网拖上一些像煤块一样的石头。这是什么奇珍异宝呢？船员谁也猜不透，后来经科学家化验分析，原来是一种磷和钙等矿物质，科学家给这些深褐色、黑色的石头一个名字，叫磷钙石。

磷钙石是一种用途广泛，含量丰富，具有经济价值的矿产资源。磷可以用来制造磷肥，是植物重要的养分之一。磷溶解在鱼池里，可以加速鱼虾的生长。用它制成药物，可使人身体强壮，因此磷钙石被人誉为“生命之石”。在工业上，磷也是重要原料，可制成防锈材料，涂在飞机的翼面上。纯磷和磷酸，可用于火柴、玻璃、食品、纺织等工业上。

海底磷钙石的主要化学成分为氧化钙占 30% ~50%；五氧化二磷占 20% ~30%；其余为二氧化碳、氟和其他金属氧化物。

浅海地区的磷钙石主要有 3 种：磷钙石结核、磷钙石砂和磷质泥。磷钙石结核是一些各种形状的结晶体，大小不一，颜色各异。一般直径为 5 厘米，最大的有像地瓜和冬瓜一样，有人曾捞上超过 100 千克的大磷钙石。从美国圣迭戈以西海底采集到一块大磷钙石，竟达到 128 千克。它的颜色也很怪，是呈奶油色，有的呈褐色和黑色。磷钙石结核结构致密，坚硬如铁。它的表面常蒙上一层薄薄的氧化锰，呈玻璃光泽。磷钙石砂要比结核小得多，呈颗粒状，大小一般为 0.1 ~0.3 厘米，样子很像鱼籽卵。

磷钙石结核和磷钙石砂分布一般从海滨到大陆架的外部海底上。水深从几米到 300 米，甚至更深到 3000 米的水域。它们常和砂、泥、砾等海底沉积物掺杂一起。含磷钙石的沉积物薄层状的覆盖在海底。磷钙石在海底分布密度一般为1千克/平方米。有资料表明，在北纬45度以北和南纬50度以南，没有发现富集的磷钙石。而在北纬45度~南纬50度以南这一宽阔的纬度带内，都有磷钙石分布。如美国、墨西哥、智利、秘鲁、阿根廷、西班牙、南非、中东地区、日本、印度、澳大利亚、新西兰等国家和地区附近海底，都有富集的磷钙石矿。其中，尤以美国的加利福尼亚海岸外为最丰富，已经发现100多个矿床，绵延1800千米，每平方米海底含有0.67~1.35千克磷钙石结核。据计算，在加利福尼亚近海区磷钙石结核的覆盖面积达1.5万平方千米，储藏量多达10亿吨以上。此外北美东部的大陆边缘的宽阔海域，也是磷钙石的富集地。在新西兰岛沿岸300~400米深的海底也探测到约1500万吨的磷钙石矿，如用做磷肥，可供新西兰用10年。

海绿石跟磷钙石一样，也分布在大陆架以内的浅海中，它们混杂一起，常成为邻居。

海绿石含有钾、铁、铝硅酸盐矿物。海绿石中的氧化钾含量4%~8%，二氧化硅、三氧化三铝和三氧化二铁的含量约占75%~80%。

海绿石

海绿石颜色很鲜艳，是浅绿色，有的黄绿色、深绿色。它的大小如砂粒，若在放大镜下观察，形态各异，有粒状、球状、裂片状等，表面带有光泽。但它的硬度低。

海绿石是提取钾的原料，可作净水剂、玻璃染色剂和绝热材料，在轻工业、化工和冶金工业方面有广泛用途。海绿石和含有海绿石的沉积物可作农业肥料。海绿石分布最丰富的海域是100～500米深的海底。

海绿石形成的原因也比较复杂，大致与化学作用、生物形成有关。据一些科学家分析，海洋生物排泄出来的粪便、黏液和黏土胶结在一起形成粪球，构成海绿石的原始物质。根据X射线、电子探针和显微镜的分析，先是由粪球变成粒状海绿石，然后由于膨胀作用，再使粒状海绿石变成各种形状的海绿石。

还有一些海绿石是由黏土物质变成的。生活在海洋中的孔虫和抱球虫死亡后，遗体下沉海底，絮胶状或碎屑黏土物质灌到贝壳里面，成为海绿石的原始物质。起初这种黏土主要成分是高岭石矿物，颜色很浅，含钾量很低，后来高岭石中的铝逐渐被铁替换，并失去了水，增加钾，颜色也随着变深。最后，海绿石颗粒从贝壳中脱离出来，颜色变得更绿了。美国大西洋沿岸大陆架，南非大陆边缘和中国东海大陆架的多数海绿石都是这样形成的。

正因为海绿石的成因各异，海域环境也不同，因而海绿石成分含量也有所不同。从已调查的几个海绿石富集海区来看，海绿石在海底沉积物中含量多数占30%～50%，高的可达90%。例如非洲西部沿岸和美国加利福尼亚岸外的某些海区，沉积物中海绿石的含量高达80%以上，而美国大西洋沿岸海绿石含量却只有30%以下。我国台湾岛的某些海区，含量也比较高。

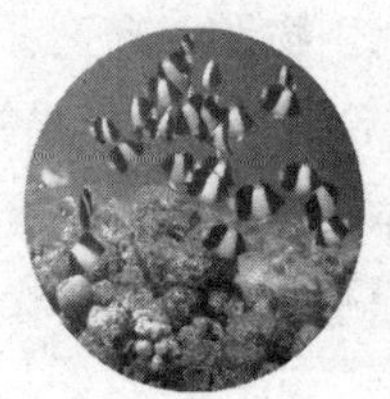

现代海底探查的进展和海洋开发设想

XIANDAI HAIDI TANCHA DE JINZHAN HE HAIYANG KAIFA SHEXIANG

人类勘察和开发海底资源的时间虽然不算很长，但取得了相当大的成绩，一个计划接着一个计划出炉。这些计划会大大促进人类对海底勘察和开发的进度，当然这些计划的实施也不是一帆风顺，一蹴而就的，也需要必要的条件和适宜的环境。科技的发展和科技成果在此领域的应用是勘察和开发海底资源的一大助力。另外，在已经取得的成果和科学推测的基础上，科学家们适时提出了一些开发的新构想，这些新构想为我们描绘出一幅海底开发的蓝图，对下一步工作的开展有着一定的指导性意义。

现代技术在海底探查中的应用和收获

早期的地质学家认为，海底是由厚层泥质沉积物覆盖的贫瘠、荒芜之地，这些泥质沉积物是由陆地冲刷而来和从海底之上死亡的海洋生物碎屑下沉所形成的。经过数十亿年，这些沉积物聚集了数英里厚，大洋深处成为一个巨大的宽广平原，这些平原没有被洋脊或裂谷分开，而是散布了许多火山岛屿。

随着遥感技术的进步，对海底的观察越来越精确和全面，它揭示了大洋中脊比陆地山脉更重要，海沟比陆地的山谷更深。具有强烈火山活动的大洋

中脊产生了新洋壳。具有频繁地震活动的深海沟在深海底被发现，海底比我们过去想象的要更加复杂。

在19世纪中叶，人们采用海底回声测深仪铺设了连接美国与欧洲大陆的第一条电报电缆。深海记录表明，在海底存在海山、海底峡谷和中大西洋海隆（命名为“电报高原”），这些地方的海水过去曾经被认为是最深的。有时，部分电报电缆被海底滑坡掩埋，必须将其抬升到海面才能修理。

1874年，在北大西洋的英国铺缆船“H·M·S·法拉第”号计划维修一条截断了的电报电缆，该电缆位于海底2.5英里（1英里≈1.61千米）深处，经过了一个巨大的海隆。在抓电缆时，抓钩钩住了一块岩石。当抓钩最终回到海面时，其中的一个钩内竟是一大块黑色的玄武岩，这是一种常见的岩浆岩。这是一次令人惊奇的发现，因为过去认为在大西洋海底不存在岩浆岩。

1872年，英国第一艘装备齐全的海洋调查船“H·M·S·挑战者”号奉命勘探全球海洋。该船装备有一端系有铅坠的回声测深仪，他们也使用取水器和温度计。此外，他们挖掘海底沉积物以获得深海存在生物的证据。“挑战者”号用网捕捞了大量的深海底栖动物，这些动物包括科学家从未发现的最陌生的生物。从科学角度来看，许多生物种属是未知的，一些种属被认为很久以前就已灭绝。

在近四年的勘探中，“挑战者”号对140平方英里的海底进行了绘图，并且对除北极以外的所有海洋进行了测深，海洋最深处位于西太平洋的马里亚纳岛周围。在马里亚纳海沟深水处回收样品时，调查船遇到了一条深谷，称为“马里亚纳海沟”。这条海沟形成了从关岛向北延伸的一个长条形地槽，它是地球上的最低点，深度在海平面之下约7英里。

在太平洋深海底取样时，“挑战者”号获得了类似致密煤块一样的岩石。在被误认为是化石或陨石后，该岩石一直被陈列在大英博物馆中作为海底奇特的地质现象。约一个世纪后，进一步的分析揭示了这块黑色、土豆大小岩石的真正价值，该结核含有大量有价值的金属，包括锰、铜、镍、钴和锌。科学家认识到世界上锰结核的最大储量位于北太平洋海底，大约在水面之下16000英尺（1英尺=30.48厘米），估计数千英里长的矿藏含有100亿吨结核。

在深海底还发现了其他有价值的矿物。1978年，法国潜水调查船“Cyana”号在东太平洋海底发现了奇特的熔岩层和矿物沉积，深度超过了1.5英里，由孔隙性、灰棕色的物质组成的30英尺高的小山中，这些沉积物是硫化物矿石。大量的硫化物沉积含有丰富的铁、铜和锌。法国的另一艘调查船“桑尼”号在东太平洋海底发现了另外一处硫化物矿床，长度近2000英里。沉积物含有多达40%的锌以及其他金属，一些金属的含量比陆地的金属含量还要高。

在苏丹和沙特阿拉伯之间的红海海底，调查船发现存在7000英尺厚的有价值沉积物。最大的沉积带宽3.5英里，位于阿特兰岛Ⅱ深处，该岛是以发现其的调查船而命名的。据估计，富饶的海底渗出物中含有大约200万吨的锌、40万吨的铜、9000吨银和80吨金。毫无疑问，海洋提供了丰富的矿产资源。

海底发现了大量大陆漂移的证据。但是20世纪初期，许多地质学家怀疑大陆漂移理论，他们认为狭窄的陆桥跨越了两个大陆。地质学家们通过南美洲和非洲大陆化石的相似性，认为这两个大陆之间存在陆桥。其主要观点认为大陆是固定的，陆桥从海底上升使生物能够从一个大陆迁移到另外一个大陆，后来陆桥下沉到海面之下。然而，通过海底采样，未发现陆桥存在的证据，甚至也未找到下沉的陆地。

德国的气象学家及北极探险者阿佛列·魏格纳提出陆桥不可能存在，因为大陆的位置比海底的位置高得多，大陆由较轻的花岗岩组成，它漂浮在较致密的上地幔玄武岩之上。1908年，美国地质学家富兰克·泰勒描述了位于南美洲和非洲大陆之间的海底山脉，被称为中大西洋中脊，他认为这是两个大陆之间的裂谷。中脊保持静止，而两个大陆则沿相反的方向缓慢移动。

最终，技术的进步使得海洋科学家开始直接勘探海洋。1930年，美国的自然主义者和勘探家威廉姆·彼比发明了第一台供深海调查之用的球形潜水装置。它能够容纳一个人下降到海下3000英尺深处，这是当时人们未曾听说过的深度。这台原始的潜水装置能够使科学家观察新的、奇特的海洋生物。然而，因为它需要系在船上，所以其可操作性受到了限制。后来，美国海军研制了深潜器，它能够行动自如，大大增强了海洋勘探能力。在20世纪60年代，公认为有科学价值的、无人操纵的微潜水器“阿尔文”号问世了，它被用于深海勘探。23英尺长的深潜器可容纳3个人，潜入到大约2英里深处，

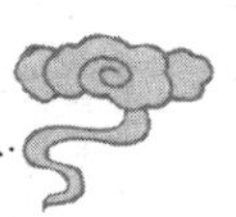

停留 8 小时。

即使到了 20 世纪 70 年代初期，有关海底的认识和勘探能力也并未得到发展，且缺乏用于绘制大洋中脊崎岖地形的船载声呐。当声呐设备装载在船上并施放到船下相当深度时，图像技术得到了充分改善，一种称为海波束的系统绘制了大洋中脊高精度的声呐图像，其声呐覆盖了宽阔的海底，以一艘船通过来回追踪一条条完整的射线来绘制整个海区图。

“阿尔文”号潜水器入水

照相机也被安装在水下的架子上，在黑暗的深海拖放并对目标进行照相，但是仪器很容易被损坏或丢失。一个名为“爱神”的巨大照相机重达 1.5 吨，为了在航行中更好地控制它，几乎把它直接拖在船下。使用时间最长的仪器称为“深拖”，载有声呐、电视照相机和测量温度、压力以及导电性的传感器。在远离厄瓜多尔海岸的东太平洋中脊上作业时，照相机掉入了热液柱之中，经过进一步的勘探，由“爱神”拍摄的相片揭示了一片分布有巨大白蛤的熔岩原野。

当可潜水的“阿尔文”潜艇深入海底调查这种现象时，它发现了一大片热液出口以及位于海平面之下 1.5 英里深处奇怪的深海动物。在参差不齐的玄武岩崖壁上有流动的熔岩，包括枕状熔岩原野等。被称为“黑烟囱”的奇特烟囱喷涌出含硫化物矿物的黑色热水。被称为“白烟囱”的其他烟囱喷出了乳白色的热水。在热液出口处，许多科学家未知的生物种属生活在完全黑暗的深海中。岩浆地貌中矗立着 10 英尺高的管状蠕虫，巨大的螃蟹在岩浆岩层上到处乱跑。在出口周围长 1 英尺的巨蛤和簇状蚌形成了巨大的群落。

在其他海域，科学家们也有了一些重大发现。1983 年，在远离巴哈马的海区，史密森学会的生物学家们使用深水潜艇得到了惊人的发现。一种全新的、前所未见的藻类生活在大约 900 英尺深处海图上未标明的海山中，深度超过了先前已知的海洋植物，它比微生物大，该种属由一种具有独特结构的紫藻组成。它由较重钙化的侧壁和非常薄的上壁和下壁组成。因为最大表面暴露在微弱的阳光中，所以细胞一层层生长，类似于食品店中的罐头。这个发现扩大了藻类在海洋生产力、海洋生物链、沉积过程和造礁过程中的作用。

大陆漂移学说

大陆漂移是大陆彼此之间以及大陆相对于大洋盆地间的大规模水平运动。大陆漂移学说是解释地壳运动和海陆分布、演变的学说。大陆漂移说认为，地球上所有大陆在中生代以前曾经是统一的巨大陆块，称之为泛大陆或联合古陆，中生代开始，泛大陆分裂并漂移，逐渐达到现在的海洋和陆地。

海底勘探的新发现

海洋覆盖了大约70%的地球表面，平均深度超过了2英里（1英里≈1.61千米）。大西洋盆地是最浅的，太平洋盆地是最深的。如果世界上最高的山脉珠穆朗玛峰被放入太平洋最深的位置，其水位仍高于珠峰顶1英里多。而与地球总体积相比，海洋仅仅是一薄层水，就像洋葱的表皮一样。

早期的海底采样方法包括在船后拖一艘挖泥船铲起海底沉积物或使用抓斗取样器，当仪器触及海底时，抓斗取样器的进口自动关闭。但是这些技术仅能取到最上层的样品，而这些样品不能恢复它们的原始沉积层序。在20世纪40年代早期，瑞士科学家发明了活塞取样器。当把它下放到海底时，可用于获得海底完整的垂直剖面样品。取样器有一个长筒，它可以借助自身的重量插入海底泥层中。活塞从筒的较低的一端向上抽起，把沉积物吸入管中，然后把样品带到地表。

起初，海底被认为含有经过数十亿年的堆积所形成的从陆地冲刷而来的数英里厚的沉积物。然而几个站位的钻井取心表明，最古老沉积物的年龄也不到2亿年。可以用一种水下仪器测量，它用类似于声波的地震波确定海底的沉积构造。海底地震仪投放到海底用以记录在地球洋壳上的微地震并能自

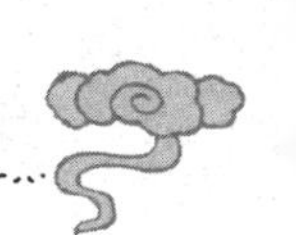

动上浮到海面以便收回。地震仪也可以拖在船后勘查海底深处洋壳的地质构造。这些勘探提供了用直接手段不能获得的海底重要信息，而且揭示了洋壳含有数千英尺厚的沉积物，而不是数英里厚的粉砂和黏土。

过去认为深海底是平坦和贫瘠的地区，可经过勘查发现大洋中脊是一串海山。通过更详细的海底测绘，科学家发现中大西洋中脊是目前发现的最奇特的山脉，大洋中脊高出海底 10000 英尺（1 英尺 =30.48 厘米）。一条深谷像地壳中巨大裂缝一样穿越大洋中脊的中部，在某些地方达 4 英里深，或许是大峡谷深度的 4 倍，宽 15 英里，它是地球上最主要的峡谷。

海底勘探表明，被海水淹没的山脉和海底大洋中脊形成了一条连续的山链，长达46000 英里，宽数百英里，高10000 英尺。虽然大洋中脊体系位于深海，但它是地球表面容易识别的最主要的构造，延伸范围超过了陆地上所有主要山脉组合起来的范围。而且，大洋中脊具有许多奇特的特征，包括巨大的山峰、锯齿状山脊、地震断裂陡崖、深谷和多种熔岩流。沿其走向，大洋中脊向下被一锋利的断裂或裂谷切割中部，形成强烈热流的中心。此外，大洋中脊是频繁地震和岩浆喷发的场所，尽管整个体系是地壳上一系列巨大的裂缝，熔岩沿裂缝喷到海底。

当先进的仪器设备发明后，人类对海底的观测更加活跃，海底比原先人们想象的更加活跃和年轻。沿着巨大的海底山脉进行的其他勘探包括岩石采样、声呐测深、热流测量、地磁测量和地震勘探等。勘探结果表明，洋壳在大洋中脊处向外扩张，从地幔中涌升的岩浆喷到海底，新增的洋壳在大洋中脊处向两边分离。

温度测量显示，在中大西洋的山脉区从地球内部渗出的热流异常，就好像岩浆通过洋壳的裂缝从地幔中流出来。大洋中脊的岩浆活动表明了海底不断增加新物质。在大西洋，火山活动更强烈，形成的大洋中脊比在太平洋或印度洋形成的大洋中脊更加陡峭和参差不齐，此处大洋中脊的分支被陆壳逆掩推覆。

远离大陆边缘和火山岛弧的深海沟，最初被认为是由于从大陆剥蚀的大量沉积物的巨大重量所造成的，并且被致密的下伏物质带入地幔。沉积物向下的重压作用在海底形成了巨大的隆起，称为地槽。然而，在海沟处所进行的重力勘探表明，重力值太小不能说明海底存在拗陷。

海沟位于地球内部深处几乎连续的地震活动带上，深层地震就像识别巨大板块向地幔消减的边界标志一样。海沟的异常活动表明，它们是古老洋壳俯冲到地球内部的地方，或许最终这里是驱动围绕地球表面大陆漂移的动力发源地。

大西洋海底地形

大西洋位于南北美洲与欧洲、非洲之间，总面积约 9430 万平方公里，约相当于太平洋的一半，为世界第二大洋。大西洋海底地形显示出突出的对称，洋中脊蜿蜒于大洋中部。大洋中脊和边缘区分别占总面积的 30% 左右，大洋盆地占大洋总面积的 40% 左右。

“挑战者”号大洋钻探计划的实施

海洋的平均深度超过了 2 英里，并被厚层的沉积物所覆盖。为了正确地测定这些沉积物的年龄，必须恢复其沉积时的顺序。因而，打捞技术就显得无能为力。幸运的是一种被称为海底取心的技术产生了，使科学家能够精确地进行沉积物取样。一根中空的管子钻入到沉积物中，一段长圆柱形的样品就会被带到地表。起初，打算在深海取样，然而它只能钻入海底表层沉积物几英尺。

1968 年，英国调查船“格洛玛·挑战者”号承担了美国海洋和大气局制定的深海钻探计划。该计划的目的是在广阔的海底钻大量的浅井以证明海底扩张理论。一艘称为“格洛玛·太平洋”号的深海钻探船第一次开始在大西洋外陆架和美国大陆坡钻井。这两艘船装有能够钻探 140 英尺深的钻机，即使在环境恶劣的海域也能准确地定位钻探。

一串钻管钻入船下 4 英里深处，钻杆在其自身重量下钻入沉积物，岩心是一节垂直的圆柱状岩石，它通过抽取式的内桶找回钻杆，使钻头保存在钻孔中。当钻头钻钝了，钻杆和钻管必须带回船上进行更换，然后把钻杆放回

钻孔，一种特殊的漏斗状设备引导钻头回到钻孔中。

1979 年当“挑战者”号钻入地壳时，加拉帕戈斯岛东部南翼的情况正好相反。通常情况下，由于井的巨大吸引力，吸入了大量的海水，然而此次流出的却是热水。随着海水下降到岩浆房，在热液活动期间获得热能，洋壳内的吸入作用造成循环水的向下对流。

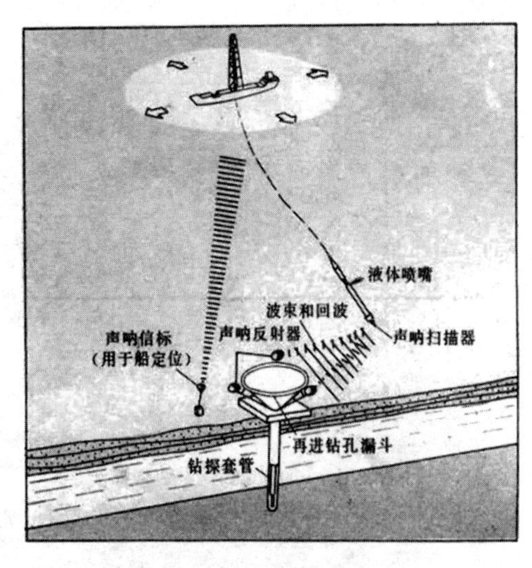

“格洛玛·挑战者”号的动力装置和再进孔装置

为了找到一个到达洋壳底部的捷径，大洋钻探计划的科学家们发现了在印度洋沿阿特兰岛断裂带未被沉积物覆盖的地方，它是大洋中脊的一部分，是非洲和大洋洲板块构造之间的边界，沿中脊向下是扩张中心，由于其周期性地分离，留下了一条充填有熔融岩浆的裂隙。随着岩浆冷凝变硬，岩石形成了新洋壳，把两个板块连在了一起。

扩张中心的构造类似于楼梯的阶梯，呈短垂直状，彼此之间相互平行。断裂带呈峡谷状，它连接了两个台阶之间的垂直部分。当科学家钻穿断裂带的谷底时，他们获得了粗粒结晶岩石，称为辉长岩，它们是由铁镁硅酸盐矿物组成，是组成洋壳底部的物质。

在恢复和确定几个大洋中脊岩心年龄后，“挑战者”号有了一个重大发现。离钻探船所钻大洋中脊越远，沉积物越厚，年龄越老。更令人惊奇的现象是最厚、最老的沉积物并不是预期的数十亿年，事实上仅有不到 2 亿年。靠近大陆架的厚层沉积物形成了深海平原，钻井岩心揭示了薄层的碳酸钙位于坚硬的岩浆岩之上，岩浆岩被埋在数千英尺的红色黏土和其他沉积物之下。深海红色黏土的发现为海底扩张提供了另一证据。

世界最深的海洋与大陆边缘相邻，大陆边缘是大陆的实际边界，此处的大洋岩石圈是最古老的。“挑战者”号确定的碳酸钙层约 4 英里深，这远远低于冷水溶解碳酸钙的深度。为了很好地保护上覆沉积物不受海水侵蚀的影响，在靠近大洋中脊浅海区域产生的碳酸钙有些被搬运到了大陆边缘。

“格洛玛·挑战者”号钻探船

在中大西洋中脊，大西洋底把岩石圈（岩石圈是上地幔的刚性岩层）从其产生处向远处输送。在大洋中脊的轴部海底主要由玄武岩（一种黑色的岩浆岩）组成。当玄武岩连续从轴部向远处漂移时，它就会被逐渐加厚的沉积物所覆盖，这些沉积物主要由从陆地侵蚀的碎屑和被风搬运而来的砂组成。某些横扫撒哈拉沙漠的沙暴把尘埃吹入大气圈，由主要的气流携带尘埃一直飞越大西洋到达南美，在亚马孙河每年大约有 1300 万吨的陆源物质沉积在这里。亚马孙雨林快速运动的风暴系统把非洲尘埃降落在地上，它富含营养物质，因而使土壤变得肥沃。

靠近大洋中脊轴部，沉积物主要由钙质软泥组成，这些钙质软泥是由分解的生物介壳和微生物骨架沉降而形成的。远离大洋中脊轴部，斜坡降到碳酸钙补偿区以下大约 3 英里深处。在此深度以下，碳酸钙在海水中的溶解度随压力增加而增大。因此，在远离大洋中脊的深海中应该只有红色黏土存在。

然而，从靠近大陆架的深海平原获取的钻井岩心（此处的洋壳最老、最深）清楚地表明，薄层碳酸钙位于厚层红色黏土之下，坚硬的岩浆岩之上。

地质学家推断红色黏土使碳酸钙不会溶解在深海中，这个发现表明大洋中脊是靠近大陆边缘碳酸钙的发源地，海底已经跨越了大西洋盆地。

海洋资源卫星的发现

1978 年，海洋资源卫星精确地测量了全球大部分地区到海面的距离。第一次展现了海底埋藏构造的全貌。其中惊人的发现是：由于重力的变化，海底大洋中脊和海沟在其海面上产生相对应的波峰和波谷，大洋表面地形显示出具有数百英尺高的波峰和波谷。但是，由于这些海面变化范围面积宽广，所以在开阔大洋中无法识别这些现象。

由海底山脉、大洋中脊、海沟和分布于海底质量变化的其他构造产生的重力控制了表层海水的形状。海底山脉产生了巨大的重力，这种现象造成海水围绕其周围堆积，在海面上产生了涌浪；相反，以较小质量吸引海水的海沟在海面形成低谷。例如，1 英里深的海沟能造成海面下凹 12 英尺。在非洲东北部索马里随着板块俯冲进入地幔，就会形成一个偏离理论重力值的低重力区，这可能是世界上最老的海沟。

利用海洋资源卫星遥感数据编制了一张全球海水表面图，表明海底深达 7 英里。大洋中脊山脉和深海沟被描绘得很清楚，这比过去任何其他方法获得的海底图像更加详细。海底图也揭示了许多新特征（例如裂谷、大洋中脊、海山和断裂带），并且较好地说明了一些已知的特征。这些图件为板块构造理论提供了新的支持，认为地壳裂解为几个板块，这些板块的不断漂移造成了地表的地质活动，包括山脉的生长和洋盆的拓宽。

卫星图像也揭示了由常规海底测绘技术未发现的长期埋藏的断裂带，像一把梳子一样穿过太平洋中央海底的虚线，它受洋壳之下 30 ~ 90 英里深处地幔物质对流的影响。每个循环包括了热物质的上升和较冷物质的下沉，把海底拖回地幔深处。

卫星资料也揭示了印度洋南部的一条断裂带，在大约 1.8 亿年前，印度从南极洲分离。随着印度次大陆向北漂移，位于 Kerguelen 岛西南方向长 1000 英里的很深的裂缝切割了海底。当印度与亚洲碰撞时，在漂移 1 亿年后，像挤手风琴一样形成了很高的喜马拉雅山脉。印度南部一系列奇特的东西向洋壳褶皱证实了印度板块仍然向北挤压，继续使喜马拉雅山脉抬升，并且使亚洲大陆每年缩短3英寸（1英寸≈2.54厘米）。

甚至埋藏的构造也是第一次完全展现在我们面前。例如，大约1.25亿年前，当南美洲、非洲和大洋洲开始分离时形成了古大洋中脊。海底扩张中心被深埋在厚层沉积物之下，板块之间的边界向西移动，留在开始下沉的古大洋中脊之后。该大洋中脊的发现有助于地质学家追踪过去近2亿年来的海陆变迁历史。卫星资料进一步证明了深海底仍存在大部分未知区域，海底勘探与外层空间勘探同样重要。

太平洋海底地貌

太平洋是世界最大最深的洋，约占地球总面积的35%。海底地貌可分为中部深水区域、边缘浅水区域和大陆架三大部分。大致2000米以下的深海盆地约占总面积的87%，200—2000米的边缘部分约占7.4%，200米以内的大陆架约占5.6%。北半部有巨大海盆，西部有多条岛弧，岛弧外侧有深海沟。北部和西部边缘海有宽阔的大陆架，中部深水域水深多超过5000米。海底有大量的火山锥。边缘浅水域水深多在5000米以上，海盆面积较小。

无人遥控潜水器的发展和应用

无人遥控潜水器的工作方式是由水面母船上的工作人员，通过连接潜水器的脐带提供动力，操纵或控制潜水器，通过水下电视、声呐等专用设备进行观察，还能通过机械手，进行水下作业。目前，无人遥控潜水器主要有，有缆遥控潜水器和无缆遥控潜水器两种，其中有缆避控潜水器又分为水中自航式、拖航式和能在海底结构物上爬行式3种。

特别是近年来，无人遥控潜水器的发展是非常快的。从1953年第一艘无人遥控潜水器问世，到1974年的20年里，全世界共研制了20艘。特别是1974年以后，由于海洋油气业的迅速发展，无人遥控潜水器也得到飞速发展。

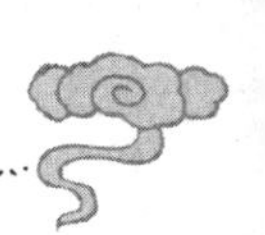

到1981年，无人遥控潜水器发展到了400余艘，其中90%以上是直接或间接为海洋石油开采业服务的。1988年，无人遥控潜水器又得到长足发展，猛增到958艘，比1981年增加了110%。这个时期增加的潜水器多数为有缆遥控潜水器，大约为800艘，其中420余艘是直接为海上池气开采用的。无人无缆潜水器的发展相对慢一些，只研制出26艘，其中工业用的仅8艘，其他的均用于军事和科学研究。另外，载人和无人混合理潜水器在这个时期也得到发展，已经研制出32艘，其中28艘用于工业服务。

1987年，日本研究成功深海无人遥控潜水器“海鲀3K”号，可下潜3300米。研制“海鲀3K”号的目的，是为了在载人潜水之前对预定潜水点进行调查而设计的，供专门从事深海研究的，同时，也可利用“海鲀3K”号进行海底救护。“海鲀3K”号属于有缆式潜水器，在设计上有前后、上下、左右3个方向各配置两套动力装置，基本能满足深海采集样品的需要。1988年，该技术中心配合“深海6500”号载人潜水器进行深海调查作业的需要，建造了万米级无人遥控潜水器。这种潜水器由工作母船进行控制操作，可以较长时间进行深海调查。日本对于无人有缆潜水器的研制比较重视，不仅有近期的研究项目，而且还有较大型的长远计划。目前，日本正在实施一项包括开发先进无人遥控潜水器的大型规划。这种无人有缆潜水器系统在遥控作业、声学影像、水下遥测全向推力器、海水传动系统、陶瓷应用技术水下航行定位和控制等方面都要有新的开拓与突破。

水下机器人

这种潜水器性能优良，能在6000米水深持续工作250小时，按照有关计划还将建造两艘无人遥控潜水器，一艘为有缆式潜水器，主要用于水下检查维修；另一艘为无人无缆潜水器，主要用于水下测量。这项潜水工程由英国、意大利、丹麦等国家的17个机构参加。英国科学家研制的“小贾森”有缆潜水器有其独特的技术特点，它是采用计算机控制，并通过光纤沟通潜水器与母船之间的联系。母船上装有 4 台专用计算机，分别用于处理海底照相机获得的资料，处理监控海弹环境变化的资料，处理海面环境变化的资料，处理由潜水器传输回来的其他有关技术资料等。母船将所有获得的资料经过整理，发送到加利福尼亚太平洋的实验室，并贮存在资料库里。

无人有缆潜水器的发展趋势有以下特点：一是水深普遍在 6000 米；二是操纵控制系统多采用大容量计算机，实施处理资料和进行数字控制；三是潜水器上的机械手采用多功能，力反馈监控系统：四是增加推进器的数量与功率，以提高其顶流作业的能力和操纵性能。此外，还特别注意潜水器的小型化和提高其观察能力。

1980 年法国国家海洋开发中心建造了“逆戟鲸”号无人无缆潜水器，最大潜深为 6000 米。“逆朗鲸”号潜水器先后进行过 130 多次深潜作业，完成了太平洋海底锰结核调查、太平洋和地中海海底电缆事故调查、洋中脊调查等重大课题任务。1987 年，法国国家海弹开发中心又与一家公司合作，共同建造“埃里特”声学遥控潜水器。用于水下钻井机检查、海底油机设备安装、油管铺设、锚缆加固等复杂作业。这种声学遥控潜水器的智能程度比“逆戟鲸”号高许多。1988 年，美国国防部的国防高级研究计划局与一家研究机构合作，投资 2360 万美元研制两艘无人无缆潜水器。1990 年，无人无缆潜水器研制成功，定名为“UUV”号。这种潜水器重量为 6.8 吨，性能特别好，最大航速 10 节，能在 44 秒内由 0 加速到 10 节，当航速大于 3 节时，航行深度控制在 ±1 米，导航精度约 0.2 节/小时，潜水器动力采用银锌电池。这些技术条件有助于高水平的深海研究。另外，美国和加拿大合作研制出能穿过北极冰层的无人无缆潜水器。

目前，无人无缆潜水器尚处于研究、试用阶段，还有一些关键技术问题需要解决。今后，无人无缆潜水器将向远程化、智能化发展，其活动范围在 250～5000 千米的半径内。这就要求这种无人无缆潜水器有能保证长时间工作的动力源。在控制和信息处理系统中，采用图像识别、人工智能技术、大容量的知识库系统，以及提高信息处理能力和精密的导航定位的随感能力等。如果这些问题都能解决了，那么无人无缆潜水器就能是名副其实的海洋智能机器人。海洋智能机器人的出现与广泛使用，为人类海底勘探活动提供了技术保证。

从“深海钻探计划”到“大洋钻探计划”

我们在前面提过，钻探以采集地层深处的岩芯，为人类找矿提供服务，一直以来都是陆上的事情。但到了20世纪60年代，钻探发展到了海上，它对海洋的考察研究起了莫大的推动作用。1961年，美国开始实施“莫霍计划”。当时的一艘叫“卡斯1号”的钻探船在东太平洋的瓜达卢佩岛附近的海域，进行了人类第一次深海钻探。钻杆穿过3560米深的水体，然后在洋底往下钻，直到钻头磨损再也不能钻进时，才提钻敲取岩芯更换钻头。但钻杆再次下水后，怎么也找不到先前的钻孔，于是只好作罢。人类的第一次深海底钻探只钻了183米。

这次试钻使人们对于深海钻探的计划感到灰心，有人估计，若要连续地重复同一钻孔的钻探，其钻探船得建造成像一个足球场那么大，所花的钱也将是个天文数字。科学家们总结了“莫霍计划”的失败教训，决定再次向深海钻探进军。

1966年，美国的斯普里克斯海洋研究所、伍兹霍尔海洋研究所、拉蒙特—多尔蒂地质研究所制订了一个“深海钻探计划”，并凑集款项，建造一艘新的钻探船。

通过公开招标，洛杉矶的环球海洋勘探公司承接了任务，仅用280天时间，便建造出一艘性能特别的船。为了纪念首次进行环球科学探险的“挑战者”号船，科学家们把这艘新船命名为“格洛玛·挑战者”号。

该船全长122米，总吨位1.05万吨，装有一台塔高59.74米的永久性钻机，备有钻杆7000米。它的形状笨拙，但却装有动力定位系统，能使船在打钻时稳定地保持在几十米的范围内。它的重返井孔系统能使钻探连续进行，而不会像“卡斯”1号那样，更换新钻头以后，再找不到原先的钻孔了。

1968年8月，“格洛玛·挑战者”号在墨西哥湾进行了它的首次钻探。这次钻探是试验性的，所以选择并不太深的海域以考验它的性能。钻台高出甲板约50米，钻机操作人员把一根根长27米、直径12.7厘米的钻杆逐次连接，从钻台的中央开口处向海底钻入。经过了整整8个小时，钻头才到海底开始向岩石钻去。这时人们仍然不敢相信“格洛玛·挑战者”号会获得成功。

然而奇迹出现了，“格洛玛·挑战者”号不仅取得了海底的岩芯，而且在更换钻头后能再次在原来的钻孔里继续钻进。这次试钻成功使科学家们相信它具有深海钻探的能力。

1970 年，首批深海钻探在大西洋进行。“格洛玛·挑战者”号从西非的最大港口达喀尔启程，驶向辽阔的南大西洋。在南纬 30 度附近，9 个钻探点沿着垂直于大西洋洋中脊的走向排列。

人们怀着极大的兴趣期待着深海钻探的结果。初探进行了两年，钻探已积累了相当可观的资料。在这两年里，科学家们不辞劳苦地每次随“格洛玛·挑战者”号出航，每个航次时间为 55 天，每天三班倒 24 小时连续不停，一个航次与另一航次之间休息 5 天，工作极其繁重艰辛。但是他们所得到的补偿是巨大的，那就是钻探不断送给他们新的地球的信息：钻探得来的岩芯，其最古老的年龄不大于 1.6 亿年，而大陆的最古老的岩石年龄可达 38 亿年。相比之下海洋的地壳非常年轻。这表明，洋底地壳的更新和破坏的过程，是一种全球性的、无处不在的运动过程。更老的大于 1.6 亿年年龄的洋壳全都被海沟俯冲带吞没了，甚至连小块老洋底地壳都没幸存下来。

这样，“格洛玛·挑战者”号为板块构造理论提供了有力的佐证。

1972 年 3 月，正值“格洛玛·挑战者”号在大洋之上出尽风头之时，美国国家科学基金会在华盛顿召开了一次会议，决定将深海钻探计划扩大为国际联合项目，其目的一是可吸取各国的先进技术，增进国际科学界的合作，二是可使深海钻探向着更广泛、更深入的方向发展。

各国海洋界踊跃响应。苏联、西德、日本、瑞士、意大利、英国、法国、澳大利亚、巴西等国都派出优秀的科学家参加“深海钻探的国际阶段”工作。期间“格洛玛·挑战者”号也获得了水深万米以下的钻探能力。这样，它可直钻到洋底岩石圈的更深处。

“格洛玛·挑战者”号从此活跃在世界各大洋。它像 100 年前的“挑战者”号一样，长年累月漂泊在海上。当年的“挑战者”号只在海面上作些常规的考察，至多在海底用抓斗抓上一把沉积的淤泥，而“格洛玛·挑战者”号却在深海底钻探大洋岩石圈，这不能不说是海洋探险史的巨大进步。

“深海钻探计划”实施的结果大大超过计划设计者的最乐观的期望。它除了为板块理论提供令人信服的证据外，在寻找海底矿产资源方面也发现了许

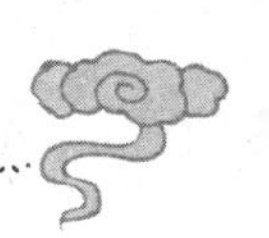

多重要的线索。例如，它在墨西哥湾的深海区找到含油气的盐丘构造，在南极罗斯海钻探时，也明显发现油气的迹象，在大西洋和印度洋，某些钻孔有含煤沉积，在地中海和红海，则提取了富含铜、锌等多金属矿物的岩芯，在马达加斯加海盆，钻得的岩芯中，有含铜和锰的细矿脉。此外，“深海钻探计划”在实施的过程中，对海洋海底水体的物理现象也作出了贡献。过去认为，海洋底部深处无洋流，而“格洛玛·挑战者”号却揭示，大西洋深部多处存在着强大的洋流运动。

到1981年底，“格洛玛·挑战者”号由于长期颠簸，已显得力不从心了。它锈迹斑斑，常出故障。在该计划行将结束之际，所有参加国的代表在美国奥斯汀召开了一次会议。鉴于地球上的某些地区（特别是高纬度地区）还未被考察，已取得的资料又蕴含着不少新的问题，所以与会代表一致认为，有必要制定一项新的海洋钻探计划，以便将海底调查工作更深入地开展下去。代表们还建议集资装备一条更为先进的钻探船。

1983年10月，“格洛玛·挑战者”号完成最后一个航次正式退役，由“乔迪斯·坚决”号接替。

“乔迪斯·坚决”号船长143米，宽21米，总吨位1.86万吨，船上钻塔高出海面61米，备有钻杆总长度达9144米，船的上层甲板还设有直升机平台。它是当代最先进的深海钻探船。

随着更换船只，“深海钻探计划”更名为“大洋钻探计划”。参加该计划的除老的成员外，又增加了冰岛、丹麦、瑞典、芬兰、挪威、荷兰、比利时、西班牙、希腊和土耳其等国家。

“深海钻探计划”和目前正在执行的“大洋钻探计划”是海洋领域科学研究的伟大创举，它代表地球—海洋科学发展史的一个无比辉煌的里程碑。

1998年4月，我国正式加入“大洋钻探计划”组织，成为第一个“参与成员”。5年间共派出8人次乘船出海，10余人次参加相关国际会议，国内有10多个实验室积极投身到大洋钻探采样和资料分析，从而促进了我国深海基础研究及基地建设，增强了我国在国际学术界的地位。

1999年，汪品先院士作为首席科学家，成功实施了在中国南海的第一次深海科学钻探，这是第一次由中国人设计和主持的大洋钻探航次，实现了中国海域大洋钻探零的突破，也建立了西太平洋最佳的深海地层剖面，在气候演变周期性、亚洲季风变迁和南海盆地演化等方面取得了创新成果，初步形成了一支多学科结合的深海基础研究队伍。

深海洋底取样技术的改进

在海边游泳时，若想知道海底是什么物质时，潜入海底看一看就可以了。但要到深海大洋中取样，可不那么简单了。人下潜的深度是有限的，过深会危及生命，再者，深海取样还受到仪器条件的严格限制。目前，浅海取样往往采用抓泥斗。即用绞车将抓泥斗放到海中，借助重力和惯性，使它在下沉时，快速下到海底，取上样品。这种办法简单，但只能大概了解海底的沉积物，要精确测试年代、分析其他项目就不行了，一般不适于深海取样。因为这样取样搅动了海底沉积物，有些成分会随着海水流失，另外，所取样品也太少。那么深海中应该怎样取样呢？

深海取样，可以分为钻探取样、拖网取样、活塞取样管取样等。钻探取样是在对洋底深部的岩石进行钻探时取出样品，花耗较大，所取的岩石样较完整。拖网式取样，是对于岩石块、矿物结核而言的一种取样法，如大洋底的锰结核取样就是用这种办法，它是用拖网随船的行走而获取样品的。对于洋底沉积物的采集是一个伤脑筋的问题，长期以来一直困扰着科学家们。因为海底沉积物取样要求很高，样品必须连续而没有间断或缺失，若缺失层位，将使年代学的精度降低；样品必须无扰动，若上下扰动将失去意义，样品要有一定长度，这样才能使年代连续而且时间久远。

自从创制活塞取样管以来，常规的取样管已有很大改进，现在已可以在水深5000米左右的洋底，在泥质沉积物中取得长20米以上未扰动的样品了。在沉积速率很低的赤道太平洋，常规取样所得的沉积物样品的年代最早可达到前342万年。而使用活塞取样后，所取沉积物的年代可推溯到大约前650万年。

一些科学家在1972年指出，深海钻探使用常规的旋转式钻机，把未固结和半固结的一部分沉积物丢失了，白白抛弃了许多海洋地质历史的珍贵资料，而且扰动强烈。广大海洋地质科学家认为，应研制出一种新的钻具，以取得较长的、连续的和未扰动的沉积物样品，以便更好地研究海洋环境变化的历

史。后来在1978年12月—1979年1月的深海钻探第64航次使用了液压活塞取样器，在水深766米处，采得了长达152米未扰动的样品。该样品展现的沉积物纹层主要为1毫米左右的交互层，一般极易被损坏，但在这次取得的样品中，却保存得异常完好。

箱式取样器

现在，液压活塞取样器经过改进，已可以在水深5000米的洋底取得未扰动的、长达200~300米的连续沉积物。这为研究古海洋学开辟了一个新纪元。研究古海洋学就需要有准确的年代为依据，这也是研究工作的前提。地质学的古生物地层层位的绝对年龄，一般使用古地磁学和放射性年代学方法来测定。由于过去取样过程中存在扰动以及样品回收不完全，因此阻碍了用古地磁方法来确定沉积物的年龄。现在使用液压活塞取样技术，可以精确地进行科学研究，为古海洋学开创了新的一页。若没有液压活塞取样技术，对海洋地质历史上突然事件的研究是不可能的。

由于液压活塞取样器的成功，科学家们提出，今后应把年代学的精度提高到以5000年为单位。在其他方面的研究，也都有了较大的提高。

海底深度探测手段的改进

怎样测量水的深度？在水浅的小河、小湖中，我们用个有标尺的杆就可以进行，又快又准。可是要对深海大洋测量深度，这就要费一点脑筋了。认识海洋，首先应知道它的深度，人们为这个问题，进行了几百年的探索。

以前，人们在船上安装绞车，通过让带有铅做成的重物（铅鱼）的钢丝绳沉入海底，根据测绳的长度来计算海底深度。因为海水有潮流，放入海中的绳子会被海流冲到一侧，且海洋越深，绳子倾斜角度越大，这就得根据角度来校正它的深度。在大洋中，使用这种方法显然不行，因为水越深，所用的绳子越长，绳子越长就得越粗（这样才不至于被自身重量拉断），绳子越粗，就越使人不容易感到铅锤（鱼）是否已经触到海底。由于种种方法的失败，使人怀疑大洋是否无底。到了19世纪，英国人发明了测深器，当其头部到达海底时，能自动制动住，并在字盘上显示出海水深度。但这样把几千米长的缆绳放下去，实在是不容易的事情。

不能准确地测量海底，就不能准确地了解海底的地形地貌，为此，人们开始研究用更好的办法来测深。人们想到了仿生学，即研究生物的一些特性，从而将其原理应用于研究和调查中。人们发现，蝙蝠有不用眼睛，仅用耳朵就能辨别方向和距离的能力。对此，科学家经过研究发现。原来蝙蝠会发出一种超声波，同时能用耳朵接收被物体反射回来的声音，从而能知道障碍物和食物的位置。

不同波长和频率的声音，传到我们耳朵中听起来是不一样的。人们通过对声音的研究发现，超声波（即频率高、波长短的声波）具有良好的定向传播的特性，并具有很好的反射能力，可以构成定向的超声波束。利用超声波的这一特点，人们制造成功一种回声测深仪，用来测量海水深度，这种仪器在测量中先发出超声波，超声波至海底后反射回来，再被仪器接收到。这过程有一时间差，根据这一差值以及声波的传播速度就可以计算出海洋的深度。

现在的测深仪，测量很准确，可以准确测出世界上最深的海沟，也可以准确地测出海底的坡度。海底山峰的变化能在打印纸上准确地反映出来。在陆地上的河流和湖泊中，测深仪也得到了广泛使用。它可以测出河道河床的变化以及湖底的细微变化等。

在海洋中测得的数据，还要在室内进行校正工作。因为海洋有潮汐的变化，我们测得的深度必须再加上潮汐的校正值，才是海洋的真正深度。现在使用测深仪，可以既快又准确地测量出海洋的深度，这对于海洋调查是十分有益的。

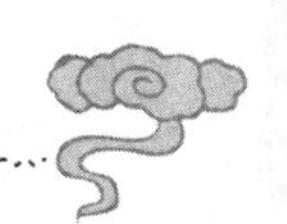

海底深度的现代化测量

如今，测量海底深度方便快捷了许多，也准确了许多。利用现代化的测量海洋深度的仪器很轻松地就可以完成这一任务。只要打开测量仪器的开关，海洋的深度立即就会在仪器上面显示出来。测量3000米深的海底，大约只需要4秒钟的时间，船只可以一边走一边测量。仪器上有自动记录装置，还能够自动地把海底的形状精确地连续记录下来。

在海底种植“燃料”的实施和改进设想

在这个能源日益紧张的世界，人们越来越多地寄希望于海洋，提出了各种各样开发和利用海洋能源的计划，其中有不少是令人信服和切实可行的。

在众多的发明和设想中，科学家豪华德·A·威尔可博士提出一份颇为吸引人的计划：在广阔的海洋空间中种植“燃料”，开辟无数的能源种植场。

种植什么呢？种植海带。海带，人们在知道了它的诸多用途之后，最近它又作为可以代替天然气甲烷的潜在能源，引起了海洋科学家和一些工业家的兴趣。海带能够吸收和储存大量的太阳能，而且生长极快，每天可长1/3或2/3米。

威尔可博士提出：“我们可以把海带移植到大洋中去，在那里种植和收获，并且将海带所贮藏的能力变为甲烷气和乙醇，用来开车或开飞机。”他做出了一个3公顷面积的种植场的计划，并充当了这项计划的负责人。他与另一位热心此项工作的人——美国加州工业学院的诺尔教授一起，于1974年在太平洋上建立了第一个能源种植场。

这个种植场位于距离美国加州海岸96千米的不冻洋面上，他们移植了当地产的百余种海带中的一种大型海带巨藻的幼苗。在实际工作中他们遇到了不少问题，首先就是植物生长需要阳光，而在深暗的海洋底部光线极暗，移植的巨藻幼苗如何得到充足的阳光呢？人们想出了办法：建造一个大筏，筏上用聚丙烯绳索织成方格，把筏系留在水面下12米处，并用长绳把筏锚定住。然后，由一小队海军蛙人把巨藻幼苗移植到水下的筏上。

海底燃料——海带

人们高兴地发现，巨藻幼苗一旦锚固下来，就开始朝着光线向上生长。当它长到水面，一片片由小气囊支持的藻叶就像条条滑溜的绸带，在阳光照射下的海水中漂荡。这时，藻叶开始进行光合作用，悄悄地把太阳能转化成了化学能。

然而过了些时日，在定期检查中，人们发现这些植物生长得并不茂盛，它们似乎只是在挣扎着过活。这是什么原因呢？化学试验的结果表明，蓝色海水中的营养物质太少了，湛蓝的大洋深海，看起来非常美，但却是“生物的沙漠”，它缺乏维持生物生命的养料，几乎没有什么动植物能够在那里生活下去，因此也就没有任何生物在那里死亡和分解，结果使得那儿的海水十分“清洁”，没有有机物，也没有能够作为营养的那些矿物质。而靠近陆地的、呈现着绿色的海域，则挤满了各种各样的生物，以及数不清的活的和死的有机体，泻入海洋的河水又带来了大量已溶的有机物和无机物，这就使在水中生长的植物能够得到充足的养分，繁茂地生长起来。

怎样才能使藻幼苗在“生物的沙漠”中也蓬勃生长呢？唯一的办法就是施肥，包括氮肥、磷肥和微量养料。这些肥料在海洋底部是能够找到的。若干世纪以来，不少分散的动植物残留遗体浮流而来，沉积在海底，如果用泵把它们抽上来，不就变成免费供应的肥料了吗？现在，人们正在把这些梦想变成现实。

令人神往的人类未来的海底世界

人类赖以生存的地球只有一个。无限增长的人口与有限的居住土地，构成一个望而生畏的难题。人类为解决这个难题想出了不少办法，其中之一，便是围海造陆。

在日本，几十年之内共造陆 2000 平方千米，相当于 26 个香港的面积。它的多个新型钢铁联合企业、大型造船厂、汽车厂、炼油厂及游乐场，都建在填海面成的新陆上。东京湾是填海造陆的基地。此外，最著名的是神户的人工岛，耗资 26 亿美元，历时 15 年，造陆面积为 4. 36 平方千米。由于设计合理以及造陆区的繁华，使神户港一举成为世界第二大港。

在荷兰，若无海塘、河堤的抵挡，它的国土将减少一半，因为全国 27% 的土地在海平面以下，1/3 国土的海拔高度在 1 米上下，首都阿姆斯特丹昔日就是一个低于海面 5 米的大湖。荷兰取得陆地的方式与日本不一样，它用筑堤排水的办法从海平面下获取土地。1927—1932 年，它筑起了世界最长的海堤。海堤长 30 千米，高出海面 7 米，堤顶可并驶 10 辆汽车，成为著名的高速公路之一。

在亚洲的新加坡，欧洲的摩纳哥，美洲的加拿大，都在经济优势之处向大海要地。

但是，从人类永无停顿的进取精神来看，不管是围海造田还是填海争陆都是一种无可奈何的权宜之计，人类最终要在广袤无际的海底形成自己的居住地。

未来的海底世界是令人神往的。单人潜水器形成海底的车水马龙，就像今天在陆地的汽车那么密集。也许有朝一日，人们要在海底设立交通岗，来维持那里的秩序。到那时，人们将在海底的住宅里，过着宁静的生活，甚至可以“在不久的将来，人们将像在大街上一样在海底行走。”

海底将设立一些特殊的工厂。海水的高压或许会轻而易举地帮助人类创造出奇妙的新产品。

人类也将在海底种植新的庄稼，养殖海味珍品。

人类还将开采海底矿产。28500 万平方千米的海底，蕴藏着数倍于陆地的矿产资源。

人类能够从海洋中获取用之不竭的能源。海洋中的潜在发电量为目前陆地发电量的300万倍。它们是潮汐能、波浪能、温差能、盐度差能。

海底世界可给人类提供生活起居的一切便利条件。人们不仅可在那里建造水下城市、水下别墅和水下公园，还可看到陆上没有的水下奇观，享受前人未曾享受过的巨大乐趣，人的精神和物质需求会在海底获得充分的满足。

围海造田

围海造田是指在海滩和浅海上建造围堤阻隔海水，并排干围区内积水使之成为陆地，又称围涂。围海造田多数是与大陆海岸相连，但也有孤悬浅海中形成人工岛。在与大陆相连的围海造田中，又有两种方式。(1) 在岸线以外的滩涂上直接筑堤围涂；(2) 对入海港湾内部的滩涂，有时先在港湾口门上筑堤堵港，然后再在滩涂上筑堤围涂。